黏土基多孔颗粒材料吸附净化工业废水研究

Research on Clay-based Porous Granulation Materials Adsorbing Industrial Wastewater

王恩文　著

中国农业大学出版社
·北京·

内 容 简 介

本书系统地研究了基材矿物（蒙脱石、累托石、偏高岭石、石墨等）的物相组成、晶体结构、形貌特征以及物理化学性质，利用焙烧和水热改性法，研究了基材复配比例等工艺条件，制备了 5 种黏土基多孔颗粒材料（SMA、SMA-V、SMA-N、SMA-HT、MPGM），并通过 XRD、SEM、FT-IR 及 TG/DTG/DSC 等手段对材料进行系统表征。采用制备的材料作为吸附剂，系统研究了吸附净化两种工业废水（印染废水及石英纯化废水）的工艺条件。

图书在版编目(CIP)数据

黏土基多孔颗粒材料吸附净化工业废水研究 / 王恩文著. —北京：中国农业大学出版社，2018.7(2019.10 重印)

ISBN 978-7-5655-2058-7

Ⅰ.①黏… Ⅱ.①王… Ⅲ.①黏土矿物-多孔性材料-研究②工业废水处理-研究 Ⅳ.①TB383②X703

中国版本图书馆 CIP 数据核字(2018)第 170176 号

书　　名	黏土基多孔颗粒材料吸附净化工业废水研究
作　　者	王恩文　著

策划编辑	梁爱荣	责任编辑	梁爱荣
封面设计	郑　川		
出版发行	中国农业大学出版社		
社　　址	北京市海淀区圆明园西路 2 号	邮政编码	100193
电　　话	发行部 010-62818525，8625	读者服务部 010-62732336	
	编辑部 010-62732617，2618	出　版　部 010-62733440	
网　　址	http://www.caupress.cn	E-mail cbsszs@cau.edu.cn	
经　　销	新华书店		
印　　刷	北京虎彩文化传播有限公司		
版　　次	2018 年 8 月第 1 版　2019 年 10 月第 2 次印刷		
规　　格	787×1 092　16 开本　11.75 印张　210 千字　彩插 2		
定　　价	68.00 元		

图书如有质量问题本社发行部负责调换

序

　　黏土基多孔颗粒材料作为无机非金属材料中的新型材料,以其独特的性能在许多重要领域得到了应用并快速发展,如用作催化剂和催化剂载体、吸附剂、离子交换剂、离子导体、电极、传感器和功能材料等。鉴于其优异的吸附性能,黏土基多孔颗粒材料作为一种新型环保材料,用于吸附废水中的有毒有害物质。近年来,黏土基多孔颗粒材料的研究及在废水处理中的应用已成为环境保护、矿物加工和矿物材料多学科交叉的热门研究方向之一,也是国际国内前沿研究课题。

　　尽管有些黏土基多孔颗粒材料吸附能力还存在不尽如人意的缺陷,但由于原料在自然界分布极为广泛、储量丰富、价格低廉、制备方法简单、离子交换性能和表面吸附性能优越、使用方便等优点,使其极有可能比目前广泛使用的活性炭更有工业实用价值和环境经济意义。随着研究的深入,复合吸附材料的低温再生、脱附污染物,特别是重金属离子和有毒有机物的回收利用等问题将会迎刃而解。

　　本书全面系统深入地研究了采用具有优良化学活性、吸附性、离子交换等特性的黏土基多孔颗粒为基材,经过矿物结构改造和改性,制备成为轻质、重复利用性好、无二次污染的高效吸附材料 SMA、SMA-V、SMA-N、SMA-HT 及 MPGM,应用于吸附 4 种典型阳离子染料偶氮类[甲基橙(MO)]、吩噻嗪类[亚甲基蓝(MB)]、三苯甲烷类[孔雀石绿(MG)]及碱性吩嗪类[中性红(NR)],以及含重金属离子、氟离子工业废水净化过程,并深入系统地研究吸附特性和热力学、动力学等吸附机理。专著的出版发行,凝聚了作者多年的潜心研究所付出的心血与智慧,以飨读者。除此之外,对进一步完善或推动黏土基多孔颗粒材料深化研究与工业化应用的技术革新必将具有借鉴与促进作用。是黏土基多孔颗粒材料研究领域践行"绿水青山"国策和绿色发展理念的良好开端。

武汉理工大学教授
博士生导师

2018 年 5 月

前　言

　　21 世纪人类将会迎来一个"新的石器时代",即非金属矿产深加工材料快速发展的时代。以硅酸盐矿物为代表的非金属矿具有多种特殊性能,特别是具有天然纳米层状结构和有序多孔结构的非金属矿物,由于其高比表面积及表面双电层作用使其具备优良的吸附、离子交换特性;又由于其属热力学不稳定系统而具有化学活性和胶体等特性,在环境净化领域愈来愈成为倍加关注并已显示出不凡的应用前景。

　　天然矿物吸附材料是当前国内外学者研究环境矿物材料热点课题之一。本书主要选用几种黏土矿物为基材,制备高效复合矿物吸附材料,具有重要理论和实际意义。本书着力对特性矿物进行矿物学分析;重点研究特性矿物改性技术,经过矿物孔道结构改造,增加了晶体缺陷和化学活性吸附位点;采用XRD、FESEM、SEM、FT-IR、TG/DTG/DSC 等表征分析技术,研究了 4 种黏土基多孔颗粒材料(SMA、SMA-N、SMA-V 及 SMA-HT)对 4 种典型阳离子印染废水,以及一种黏土基多孔颗粒材料(MPGM)对石英纯化废水的吸附行为及其吸附动力学、热力学机理。

　　本书是在武汉理工大学雷绍民教授的悉心指导下完成,雷老师在书稿撰写过程中对重要章节逐字逐句的修改,倾注了大量的心血,在项目研究方面更是给予了我无限的启发。雷老师严谨的治学态度、务实的工作作风、高尚的师德品质、勇探真知的科学精神深深地激励着我,引导着我,使我受益匪浅。

　　本书所涉研究内容较多,外业和内业工作量较为繁重,为此特别感谢武汉理工大学资源与环境工程学院宋少先院长、龚文琪教授、彭长琪教授、管俊芳副教授、李育彪副教授等在书稿撰写过程中的无私帮助,以及"安顺学院农业资源与环境支持学科团队""安顺学院地理学(一级学科)省级重点支持学科团队""安顺学院生态农业环境专业(学科)发展团队"的大力支持。

感谢武汉理工大学资源与环境工程学院的刘晓烨、钟乐乐、黄腾、李亮、裴振宇等博士研究生,王欢、曾华东、刘云涛、郭振华、慎舟、陆玉、张世春、黄冬冬、田晶晶、马球林、杨亚运、刘园圆、姬梦娇、刘莫愁、李阳、臧芳芳、熊康等硕士研究生在实验环节给予的帮助。

限于编者的水平有限,研究深度尚需挖掘,且对研究中所涉科学问题的解释和分析存在诸多不足,书中疏漏在所难免,敬请读者多提宝贵意见。

王恩文

2018 年 4 月

目　录

第1章 绪 论

1.1 研究背景

1.1.1 矿物吸附材料

矿物吸附材料是环境矿物材料的一个重要分支,是矿物学、矿物加工、材料学、环境科学、生物学等多学科交叉的一个新兴研究方向,是由一种或多种矿物及其改性产物经特定工艺技术制备的,与生态环境具有良好协调性或直接具有吸附目标污染物和修复生态环境功能的一类物质。功能主要是利用天然矿物原料的表面效应(Wang,2011;Huang,2012)、孔道效应(Aivalioti,2012;Zhao,2013)、离子交换效应(Lü,2012)、水合效应(Salles,2013;Wang,2013)、半导体效应(陈晔,2010;温艳媛,2011)、纳米效应(Wu,2013;郭亚丹,2014)等特性净化环境。

然而,单一矿物的吸附能力有限,一般选择那些吸附性能良好、无放射性、不易水解和挥发且没有二次污染的无机非金属矿物作为基材,经过定向改性制备成复合矿物吸附材料用于净化环境污染物(雷绍民,2013;王红宇,2014;张永利,2013;Han,2012)。其中的关键性问题是如何达到高效的吸附活性及循环使用活性。

1.1.2 工业废水

随着我国经济建设飞速发展,矿产资源综合开发利用以及工业化进程带来的环境恶化问题日益突出,影响生态平衡并直接威胁人类生产与生活、动植物繁衍生息等(如重金属离子及有机染料等对水体、土壤的污染)。我国的各类主要环境污染物均居世界首位,其中水环境污染问题尤为突出。2010 年,我国 300 多座城市由于地下水体污染而导致供水紧张。据预测,我国缺水高峰将在 2030 年左右出现。但另一方面,我国废水的排放量却以 6% 的速度逐年递增(如图 1-1 所示),造成 90% 左右流经城市的河道受到污染,75% 的湖泊富营养化,从而导致我国主要的江、河、湖(库)、海及地下水中相应的污染指标居高不下,严重地影响了我国生态环境和经济可持续发展。本书所研究的印染废水及石英纯化废水的污染情况如下:

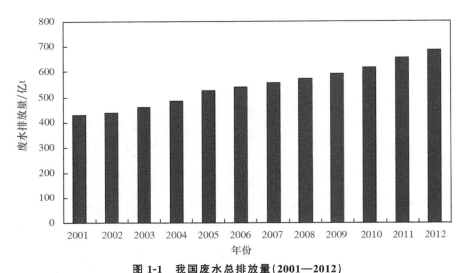

图 1-1　我国废水总排放量(2001—2012)

Fig. 1-1　Total drainage of wastewater in China(2011—2012)

来源于 2001—2012 年《中国环境公报》

1.印染废水

我国由于染料废物所造成的水体污染占废水排放总量中相当大的比重。染料废物所造成的水体污染主要来自纺织印染、皮革、化妆品、造纸、食品及塑料等工业(Bellir,2012),其中仅纺织行业排放的印染废水达到(3~4)×10^6 t/d。目前,我国印染废水回用率不到 7%,若按 1 t 印染废水污染 20 t 清洁水推算(林俊雄,2007;李青,2011),每年由于染料所带来的水体污染将为 200 亿~270 亿 t,约占废水总排放量的 1/3。

染料虽然给人类社会带来色彩斑斓的世界,但印染废水危害也极大(Gupta,2009;Tsai,2010;Ahmad,2010;Casieri,2008;Buluta,2008):①破坏水生生态系统。由于染料溶于水后即便浓度较低,其色度普遍较高,排入水体将造成水体透光率的降低,而影响水生生态系统的光合作用及其他物质能量交换作用等。②具有较强的环境累积效应。主要是因为工业印染废水中染料成分较为复杂、有机组分含量高又难以生物降解,并具有一定的抗光解性和抗氧化性。③具有极强的生物毒性和"三致效应"。这主要是因为染料多为偶氮类、蒽醌类、噻嗪类、三苯甲烷类、硝基类、亚硝基类等物质所致。因此,印染废水的治理刻不容缓、意义重大。

由于印染废水的可生化性差,在水中形成水合离子半径为 10^{-12} m 数量级的污染物。而传统的物理、化学及生物方法对于此类污水的去除率非常低,达不到预期效果,因而人们不断尝试新的治理方法,如光催化法(Meng,2003;甘慧慧,2013)、膜分离法(Haritash,2009;郝继华,1993)、高能物理处理法(谢雷,2007;万建信 2011)、超声波气振法(吴文军,1994;Jothiramalingam,2009)、MBR 法(Kim,2011;蒋华兵,2010)及 UASB 法等(邱丽娟,2009;Mu,2007)。从处理效果看,无论是传统方法还是新工艺处理这类废水,均有其局限性,要么治污效率不高,要么是治污产污,不能从根本上解决日益加剧的环境污染问题。

2.石英纯化废水

石英纯化废水是制备现代高科技领域不可替代的多功能材料——超高纯石英的过程中原料纯化所产生的工业废水,为复杂体系的重金属离子及氟离子污染水体。若直接排放,势必将对动物、植物及人体都造成危害(陈军 2004;褚启龙,2011;刘春早,2012;张亚楼,2012)。虽然目前对含重金属离子或氟离子废水的处理大多采用中和沉淀法将污染离子以沉淀形式析出,并作为危险废弃物填埋进专门的场所(雷绍民,2013),但仍存在一定的安全隐患,且关于此类废水的吸附净化研究鲜见报道。

综上所述,本书利用几种黏土矿物作为基材,以印染废水和石英纯化废水为研究对象,有针对性地制备了几种可再生利用的高效吸附黏土基多孔颗粒材料,探讨其净化的技术方法与吸附机制,以期为后续制备一种可高效循环利用的矿物基吸附材料并用于净化复杂体系污染水体奠定理论基础。

1.2　吸附污染物基本原理

吸附材料能有效地从流体中吸附某些成分的吸附质,一般具有以下特点:易于制造成型、良好的机械强度、较大的比表面积、适宜的孔结构及表面结构、可循环再利用等。吸附是指吸附材料与流体接触时,流体中某一种或多种组分在吸附材料表面产生积蓄的现象。

吸附主要有物理吸附、化学吸附和交换吸附等 3 种类型。

1.2.1　物理吸附基本原理

物理吸附(如图 1-2 所示)亦称为范德华吸附,它是由吸附质和吸附分子间作用力,即范德华力(包括色散力、取向力和诱导力)所引起的。其主要吸附规律包括以下5种情形(刘大中,1999;Zhang,2013;Burde,2007):

(1)吸附质与极性吸附材料均为极性,则偶极力、诱导力、色散力都存在;

(2)吸附质与吸附材料极性相反,则一定存在诱导力和色散力;

(3)吸附质和吸附材料的极性不大或均为非极性分子,则物理吸附中起主导作用的力为色散力;

(4)若当含有极性分子的吸附质与带静电荷的吸附材料表面相互作用,使二者的电子结构发生变化而产生偶极矩时,则在物理吸附中起主导力作用的可能为定向力和诱导力;

(5)有时吸附材料表面与吸附质分子之间发生的物理吸附以氢键的形式表现。

总之,这3种类型的力的比例大小,决定于相互作用分子的极性和变形性。极性越大,偶极力的作用越重要;变形性越大,色散力就越重要;诱导力则与这两种因素都有关。实验证明,对大多数分子来说,色散力是主要的;只有偶极矩很大的分子(如水),取向力才是主要的;而诱导力通常是很小的。

图 1-2 吸附材料物理吸附示意图(a.孔道纵剖面图,b.孔道横截面图)

Fig. 1-2 Schematic diagram of physical adsorption for sorbing material

(a. longitudinal plan of porous channel,b. cross section view of porous channel)

1.2.2 化学吸附基本原理

化学吸附(如图1-3所示),是指吸附质与吸附材料之间发生化学反应,形成牢固的吸附化学键和表面络合物。其主要吸附机理可分3种情况(刘大中,1999;江棍,2003;王艳,2012;Elliot,1986):

(1)气体或液体等流体物质失去电子带正电荷,吸附材料得到电子带负电荷,带正电荷的气体或液体等流体物质吸附到带负电荷的吸附剂表面上;

（2）吸附材料失去电子带正电荷，气体或液体等流体物质得到电子带负电荷，带负电的气体或液体等流体物质吸附到带正电荷的吸附材料表面上；

（3）吸附材料与气体或液体等流体物质共用电子对成共价键或配位键，如：流体物质在金属表面上的吸附就往往是由于流体物质分子的电子与金属原子的 d 电子形成共价键，或流体物质分子提供一对电子与金属原子成配位键而吸附的；又如：在金属氧化物表面，若流体物质分子的电子亲和势大于金属氧化物的电子脱出功时，则金属氧化物能给流体物质分子电子，后者就以负电荷形式吸附；反之则会有带正电荷的流体物质吸附。

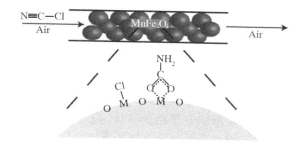

图 1-3 化学吸附示意简图
Fig. 1-3 Schematic diagram of chemical adsorption

1.2.3 交换吸附基本原理

交换吸附（如图 1-4 所示），是指流体吸附质的离子由于静电引力作用聚集在吸附材料表面的带电点上，并置换出原先固定在这些带电点上的其他离子的现象（李强，2004；An，2010；Ioannidis，2001）。

离子交换法起初是从植物根部的营养物质传递的原理中借鉴来，用于降低废水中 Na^+ 的浓度而发展起来的。例如：阳离子交换设备可以降低煤层气产出水中的金属离子含量。离子交换设备的吸附特性和饱和性质是设计所需要置换的离子和设备流程的基础。离子交换树脂利用 H^+ 交换阳离子，而以 OH^- 交换阴离子；以包含—SO_3H 的 C_6H_5—CH＝CH_2 和 CH_2＝CH—C_6H_4—CH＝CH_2 制成的阳离子交换树脂会以 H^+ 交换碰到的各种阳离子（如 Na^+、Ca^{2+}、Al^{3+}）（任晓晶，2012）。同样的，以包含季铵盐的 C_6H_5—CH＝CH_2 制成的阴离子交换树脂会以 OH^- 交换碰到的各种阴离子（如 Br^-、Cl^-）。从阳离子交换树脂释放出的 H^+ 与从阴离子交换树脂释放出的 OH^- 相结合后生成纯水（Suzuki，1979；Kammerer，2011；Hux，1984）。

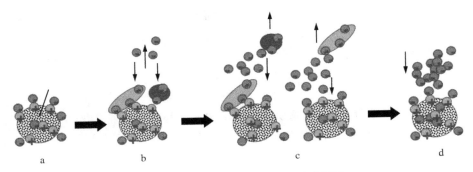

图 1-4　吸附材料离子交换过程示意简图

（a. 吸附平衡状态；b. 离子交换吸附过程；c. 离子脱附过程；d. 吸附材料再生利用过程）

Fig. 1-4　Schematic diagram of ions exchange process for sorbing material

（a. adsorbing state of equilibrium；b. adsorption process of ions exchange；

c. ions desorption process；d. reused process of sorbing material）

　　然而，以上 3 种吸附并不是完全孤立的，有时会同时存在。因此在废水净化处理中，吸附效果是以上几种吸附综合作用的结果，仅由于吸附材料、吸附质以及其他外部因素的差异性，可能表现出以某种吸附为主。

1.3　矿物吸附材料研究进展

1.3.1　自然元素矿物

　　目前探明的自然元素矿物约 40 种，约占地壳总质量的 0.1%。其中常见的矿物有金刚石（C）、石墨（C）、硫黄（S）、铂（Pt）、金（Au）、铜（Cu）等。一般按电子轨道的排布可为 sp 型和 d 型两类。

　　sp 型元素构成的矿物［如：铋（Bi）、石墨、硫黄、金刚石及汞（Hg）等］，其中的价键主要为共价键和分子键，具有明显的非金属性。在吸附污染物的研究中，石墨最为常见，鉴于石墨的特性，目前研究者们主要是利用膨胀石墨（曹乃珍，1996；底兴，2013）或石墨烯（Huang，2012；Jiang，2014；魏舒，2012）等石墨衍生物进行吸附性能研究，但存在重复利用率低、易造成二次污染等问题；硫黄直接用于吸附污染物的研究几乎未见报道，仅有少量文献研究表明将硫黄负载到活性炭和沸石等多孔物质表面，可以增强吸附活性（杨方，2012）；铋系复合氧化物的价带（VB）不是仅由 O 2p 轨道构成的，而是由 Bi 6s 和 O 2p 轨道杂化而成的，Bi 6s 轨道与 O 2p 轨道的强相互作用降低了其对称性，从而产生相关的偶极子，表现出良好的光催化活性

（王文中，2012；Zhou，2009；Zhang，2006），因此铋元素成为光催化研究中的"新星元素"。

对于 d 型元素构成的矿物，其成键主要为典型的金属键，原子呈最紧密堆积，因此其自身不具备吸附性能，而其中的贵金属元素具有良好的催化性能，所以常将其掺杂/负载到吸附材料中以达到净化环境的目的，如 Pt（Jang，2008；Hyunwoong，2011）、Au（Gorin，2008；Xi，2014；Shin，2012）、Ag（尤先锋，2006；Cozzoli，2004）、Pd（卢燕，2013；Dipannita，2011）等，但这些贵金属不可回避的就是经济成本问题和如何解决催化剂中毒问题等。

1.3.2 硫化物矿物

目前探明的硫化物矿物共有 200～300 种，占地壳总质量的 0.25%。常见的矿物有方铅矿（PbS）、黄铁矿（FeS_2）、辉锑矿（Sb_2S_3）、闪锌矿（ZnS）、辉钼矿（MoS_2）、毒砂（FeAsS）、辰砂（HgS）和黄铜矿（$CuFeS_2$）等。

由于组成硫化物的化学元素既有金属元素又有非金属元素，表现出较为特殊的电子结构组成，因此金属硫化物亦被称为半导体型化合物，常单独或与金属氧化物复合制备光敏材料，用于净化环境（耿爱芳，2011；吴德智，2012；杨依萍，2012；Fujishima，1975；Yanagida，1989；White，1985）。

另外，此类矿物既表现出金属键特性又表现出共价键特性，存在多键型晶格，因此这类矿物对于某些物质也表现出一定的吸附特性。如 Yu 等（2011）利用黄铁矿与黄铜矿吸附嗜酸氧化亚铁硫杆菌时，发现该菌的胞外多聚物存在与否是吸附的一个重要因素；P·K 拉斯等（2001）研究表明：利用方铅矿、黄铁矿、闪锌矿和黄铜矿吸附天然多糖时，方铅矿吸附能力远远高于其余 3 种矿，而余下矿物的吸附能力依次为闪锌矿、黄铁矿、黄铜矿。庄慧娥等（1987）研究了方铅矿、辉锑矿、黄铁矿、黄铜矿及辉钼矿等 5 种矿物对 I_2 及 Tc 的吸附性能，发现黄铜矿和方铅矿对 I_2 的吸附效果优于其余 3 种矿物（$R_d \approx 100 \ mL \cdot g^{-1}$），而辉锑矿对 Tc 的吸附能力相当强（$R_d \approx 2000 \ mL \cdot g^{-1}$），且这些吸附是不可逆的。曾清如等（1998）利用黄铁矿及铅锌矿两种硫化矿吸附溶液中的 Pb^{2+} 和 Cd^{2+} 两种重金属离子，结果表明：其吸附在 10 min 内达到平衡，速度较快，且在一定酸度范围内，其平衡吸附量随溶液酸度下降而增加。但以上硫化物的吸附主要是用于矿物浮选研究，而用于吸附重金属离子及放射性核素时，虽然吸附性能较好，但属于不可逆的吸附，重复利用性较差。

1.3.3 卤化物矿物

目前已知的卤化物矿物种类为 120 种左右，仅占地壳总质量的 0.1%左右，其中分布最广泛的为氯化物[如石盐（NaCl）、钾石盐（KCl）、角银矿（AgCl）等]，其次是氟化物[如萤石（CaF_2）、冰晶石（Na_3AlF_6）等]，溴化物[如溴银矿（AgBr）等]和碘化物极为少见，虽然亦为卤族元素与金属元素生成的二元或多元化合物，但此类矿物中氟化物和氯化物多为离子键型，而余下两者为共价键型。

这类矿物在环保方面的应用，主要是利用金属氯化物的强吸湿性能制备抑尘剂，抑制大气中的尘埃以达到净化环境的目的。国外从 20 世纪 40 年代就开始了此项研究，至今仍有学者进行相关研究，但更多的是关注抑尘剂施用后对生态环境的影响。如 Goodrich 等（2009，2012）研究了 $MgCl_2$ 作为抑尘剂的施用量以及对于周边植物的影响关系，结果表明：若 $MgCl_2$ 的浓度过高（达到 24000～36000 $mg \cdot L^{-1}$）时，势必引起周边灌木 2～4 年内大面积枯萎。此项研究在国内起步较晚，主要是针对我国近年来频繁肆虐北方地区的沙尘暴。1996 年，吴超等（1996）利用 NaCl、$CaCl_2$、$MgCl_2$ 等固体卤化物在自然环境中的吸湿特性，研究其抑制空气中扬尘的效果，结果表明：常温下，$CaCl_2$ 及 $MgCl_2$ 的效果较好；2003 年，金龙哲（2004）和韩放（2003）等利用 $CaCl_2$ 及 $MgCl_2$ 的吸湿性能研发出了防冻抑尘剂，且具有一定的效果。

综上所述，金属卤化物对于空气中尘埃的抑制作用是间接的。由于不具备吸附材料所必需的大比表面积等性能，其对于水体及大气中的其他离子或分子型的污染物基本无吸附能力，所以不可能作为研究基材。

1.3.4　氧化物及氢氧化物矿物

现今探明的氧化物及氢氧化物矿物虽然仅有 180～200 种，但分布相当广泛，约为地壳总质量的 17％。常见的矿物有石英（SiO_2）、针铁矿（FeOOH）、赤铁矿（Fe_2O_3）、磁铁矿（Fe_3O_4）及铝土矿（由几种氢氧化铝和其他杂质矿物组成）等。

其中，针铁矿由于其化学性质稳定且比表面积大等特性，因此常被用作吸附材料基体进行研究，但报道中的多数文献是关于重金属离子及酸根离子的吸附，而对于染料吸附方面的文献极少。如 Manning（1998）和 Teermann（1999）等对针铁矿吸附废水中的重金属离子进行研究，结果表明其对于 Cu^{2+}、Pb^{2+}、Zn^{2+} 和 As^{3+} 等有良好的吸附效果；王丹丽等（2002）研究表明针铁矿对于重金属离子具有较强的吸附作用，且在适当的 pH 条件下，其对于 Cu^{2+}、Zn^{2+}、Cd^{2+}、Pb^{2+} 的吸附效率达 95％以上；孙振亚（2006）的研究也表明其对于重金属离子具有很好的吸附作用，但 β-FeOOH 比 α-FeOOH 的吸附效果好，主要是 β-FeOOH 中的有机大分子起关键性作用；除此而外，还有利用针铁矿吸附水体中的 P（谢晶晶，2007）及 SO_4^{2-}（孙进，

2005)的报道,且效果均较好。

另外,石英晶体微天平由于其特殊的吸附性能,用于人体蛋白吸附研究,实现动态观察蛋白在其表面的吸附状态,但主要应用于医学领域(Chu,2006;Kim,2004);而刚玉及铝土矿中的 Al_2O_3 经过活化处理后,大幅度提高了其吸附性能(杨文焕,2011;游佩青,2011);TiO_2 矿物主要是锐钛矿、金红石矿及板钛矿 3 种变体,其中以锐钛矿的活性较高而被常用于光催化吸附材料中的负载催化剂(雷绍民,2006)。

1.3.5　含氧酸盐矿物

含氧酸盐矿物是矿物分类研究中的最大一类,是金属元素与各种含氧酸根(如 SiO_3^{2-}、CO_3^{2-}、SO_4^{2-}、NO_3^- 等)的化合物,占地壳中已探明的 3000 多种矿物的绝大部分,可细分为硅酸盐矿物、碳酸盐矿物及硫酸盐矿物等。其中主要用于吸附的矿物为黏土矿物、硅藻土、沸石等。

1. 黏土矿物

黏土矿物(包括高岭石族、伊利石族、蒙脱石族、蛭石族以及海泡石族等)与人类有着千丝万缕的联系,早在几千年前人类的祖先就开始认识并利用天然黏土矿物制造生产和生活所必需的工具。据现代科学研究表明:黏土矿物的内部构造与海绵很相似,不仅是孕育生命体的最佳场所,而且还是天然的优质吸附材料。

许多研究证明黏土矿物材料具有良好的染料去除能力。Harris 等(2001)研究表明高岭土对于 4 种阳离子染料(分别为 3,6-diaminoacridine,9-aminoacridine,azure-A 和 safranin-O)的吸附性能明显高于铝土矿;Vimonses 等(2009)分别利用钠基膨润土、3 种高岭土(Q38、K15GR、Ceram)、沸石等对刚果红进行吸附试验研究,结果表明 5 种矿物对于该染料的去除率分别为:钠基膨润土>Ceram>K15GR>Q38>沸石,其中钠基膨润土和沸石的吸附数据符合 Freundlich 吸附等温线模型的描述,而高岭土更符合 Langmuir 吸附等温线模型;明银安等(2014)利用累托石分别对亚甲基蓝、甲基紫、孔雀石绿及二甲酚橙等染料进行吸附试验,结果表明累托石对上述 4 种阳离子染料表现出较高的吸附性能,溶液中染料 1 h 的去除率分别达到了 57.5%、92%、74% 和 61.5%;其他关于黏土矿物吸附染料吸附能力的报道详见表 1-1(Özcan,2004;Bingol,2010;Santos,2008;彭书传,2003;范莉,2005;巩林,2010)。

表 1-1　各类黏土矿物吸附能力比较

Table 1-1　Comparing with the adsorption capacity of different clay minerals

矿物名称	染料	pH	吸附量 q_m 或 q_e /(mg·g^{-1})	参考文献
膨润土	酸性红 57	—	416.3	Özcan(2004)
膨润土	酸性蓝 294	—	119.1	Özcan(2004)
海泡石	亮黄	2.0~9.0	<2.5	Bingol(2010)
海泡石	碱性红 46	8.0	108	Santos(2008)
海泡石	直接蓝 85	3.5	454	Santos(2008)
无机柱撑蒙脱石	桃红 FG	<4.5	<200	彭书传(2003)
海泡石	亚甲基蓝		28.74	范莉(2005)
蛭石	结晶紫	6	19.23	巩林(2010)

综上可知,这些黏土矿物良好的吸附性能主要来源于两个方面:①表面结构的负电荷,使其对于废水中的阳离子染料表现出较强的吸附;②稳定的铝硅酸盐骨架结构表现出来的高比表面积和高孔隙率。然而,由表 1-1 中亦可知,纯矿物的吸附性能有限,需要研究者们不断创新。

2.硅藻土

硅藻土是由硅藻及其他含硅质微生物的遗骸构成的硅质岩,其作为一种天然的多孔轻质材料,常用于净化废水中的有机污染物(Akin,2000),尤其是作为吸附材料的基材进行研究。截至 2014 年 5 月,在 CNKI、SpringerLINK 及 EI 工程索引数据库中所能查到的硅藻土用于吸附净化环境污染物的研究文献共 200 余篇,其中用于吸附染料方面研究的文献仅 40 余篇。

研究发现硅藻土对亚甲基蓝有一定的吸附净化效果,且酸处理可以提高硅藻土的吸附量(木冠南,1995);Shawabkeh 等(2003)研究发现硅藻土对碱性染料有较佳的吸附特性;Erdem 等(2005)利用硅藻土吸附净化 3 种纺织染料(亚甲基蓝、活性蓝和活性黑),发现其对于黄色染料的去除率最高,达到 99.23%;Khraisheh 等(2005)研究发现硅藻土对亚甲基蓝的吸附量最高,为 81.1 mg·g^{-1};高如琴等(2008)研究证实硅藻土对孔雀石绿有一定的吸附效率,吸附量为 13.26 mg·g^{-1};吉林大学的张歌珊(2009)研究硅藻土对罗丹明 B 及直接墨绿 B 的吸附效果,结果表明:硅藻土对罗丹明 B 的吸附量最高,为 104.1 mg·g^{-1},超过以往学者对于其他染料吸附的研究结果,而直接墨绿 B 的吸附量仅 14.98 mg·g^{-1};王磊(2011)和谷志攀等(2011)利用硅藻土原矿对活性黑 K-BR、中性黑、酸性桃红、直接耐晒黑 G、活性艳红 X-3B 等几种染料进行吸附试验研究,结果表明硅藻土原矿对以上染料的吸附量仅为 $1\sim16$ mg•g^{-1};Al-Degs 等(2012)利用固相提取和多变量校正试验发现硅藻土对于结晶紫、孔雀石绿、亚甲基蓝、藏红 O 和硫黄素 T 的吸附能力在特定条件下强于沸石和活性炭;何龙等(2012)利用 NaOH 提纯得到硅藻土精矿对亚甲基蓝的吸附量为 3.9 mg•g^{-1};中南大学的蒋琰(2013)研究发现酸活化和高温焙烧可以提高硅藻土对于两种阳离子染料(亚甲基蓝和孔雀石绿)的吸附效率,其中酸活化可以提高吸附效率约 40%,而高温焙烧则提高 70%～110%。

综上所述,影响硅藻土吸附量大小的因素不仅有硅藻土自身的结构特性,而且还有环境 pH、吸附温度、染料初始浓度和吸附时间等。另外,硅藻土用于吸附净化环境,更多的还是要针对不同的吸附质(气体/液体等流体)的性质而相应地对硅藻土进行改性处理,以期最大限度地提高硅藻土基吸附材料的吸附效率。目前利用较多的硅藻土改性技术为水解沉淀法改性、浸渍涂层法表面改性及微乳液改性等。

3. 沸石

沸石最早于 1756 年由瑞典矿物学家 Cronstedt 发现并命名,其中所含的金属元素一般为 Ca、Na、K、Ba、Sr 等,因此是一种含水的碱金属或碱土金属的铝硅酸矿物。其中常见的矿物有斜发沸石、片沸石、方沸石、钙沸石、钠沸石、丝光沸石及毛沸石等(徐邦梁,1979)。

任何沸石都由 Si—O 和 Al—O 四面体组成(如图 1-5 所示),四面体只能以顶点相连,即共用一个 O 原子。Al—O 四面体本身不能相连,其间至少有一个 Si—O 四面体。而 Si—O 四面体可以直接相连。Si—O 四面体中 Si 可被 Al 置换而构成 Al—O 四面体,但 Al 是三价的,所以在 Al—O 四面体中,有一个 O 原子的电价没有得到中和,而产生电荷不平衡,使整个 Al—O 四面体带负电。为了保持中性,必须有带正电的离子来抵消,一般是由碱金属和碱土金属离子来补偿,由于沸石具有这些独特的内部结构和结晶化学性质,因此沸石还具有吸附性、离子交换性、催化和耐酸耐热等性能,因而被广泛用作吸附剂、离子交换剂和催化剂,也可用于气体的干燥、净化和污水处理等方面(徐如人,2004;袁昊,2013;Jing,2010;John,2005;Wei,2009;Slvasankararao,1981)。

截至 2014 年 5 月,在 CNKI、SpringerLINK 及 EI 工程索引数据库中所能查到的沸石用于吸附净化环境污染物的研究文献共 3000 余篇,其中用于吸附染料方面研究的文献仅 100 余篇。

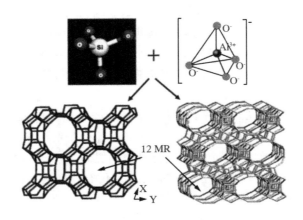

图 1-5 沸石晶体结构示意图

Fig. 1-5 Schematic diagram of zeolite crystal structure

何杰等(1998)将天然沸石与活性炭作为研究对象,比较两者吸附净化印染废水中有机污染物的效率。结果表明:前者对极性强而分子质量较小的溶解性有机物吸附效果较佳,而对于非极性且溶解度小的有机染料去除效果不如后者;赵波团队(2005)研究发现,天然丝光沸石岩净化 COD 值为 279.9 mg·L^{-1} 的活性艳红 X-3B 染料废水时,反应 40 min 的去除率达到 45.5%;邵琴(2011)利用天然沸石加臭氧氧化用于处理染料废水,结果表明:COD$_{Cr}$ 的去除率提高到 52.86%,pH 由 8.30 降到 3.06;广西师范大学的崔天顺课题组(2010)研究了天然辉沸石对染料废水的静态吸附行为,结果表明:辉沸石对染料的去除率受添加量、pH 和反应温度等因素影响显著,且当 pH 酸性时吸附效果较好,当 pH 1 时为最佳,吸附过程符合 Freundlich 吸附等温线模型;Vimonses 等(2009)研究了一种澳大利亚的沸石,结果表明:该天然沸石吸附刚果红时,亦受添加量、染料浓度、pH 及反应温度等因素影响,其吸附量理论饱和值为 4.3 mg·g^{-1},吸附过程符合 Freundlich 和准二级动力学模型;邹卫华课题组(2011)研究发现 pH、反应温度及盐浓度对天然沸石吸附有机染料有着显著影响,且当温度从 15℃上升到 35℃的过程中,沸石对中性红的饱和吸附量从 14.79 mg·g^{-1} 提升到 31.78 mg·g^{-1},吸附过程符合 Langmuir 吸附等温模型和准二级动力学方程;John E. Krohn 等(2005)研究发现当 β 型沸石吸附氨基酸时,当其中的硅铝比为 12 时,离子交换吸附量为最大,当硅铝比逐渐增长到 100 时,离子交换吸附作用的重要性逐渐降低,而物理吸附效应逐渐提升到占吸附总量的 30%。

总之,沸石对有机染料的吸附能力主要取决于染料分子的极性和大小。极性分子(如含有—OH、—NH₂、C=O 等极性基团或 C=C、—C₆H₅ 等可极化基团的分子)能与沸石表面发生较为强烈的吸附作用,因此沸石对极性分子的吸附作用强于非极性分子;而随着分子直径的增大,被吸附进入孔穴的机会逐渐减小。然而由于天然沸石的形成条件较为复杂,孔道往往较小,水溶液对沸石的渗透性不强,所以对水溶液中的化学物质吸附速率较慢,吸附量也较低,这就使天然沸石在处理工业废水方面的应用受到很大的限制。

除此而外,白云石、珍珠岩、明矾石以及硅石等对于水体中有机质的去除研究也正被人们所关注(Apostol,2009;Jesionowski,2010)。

综上所述,吸附性能较好的天然矿物多数是一些铝硅酸盐的矿物,因此有的按照其硅酸盐种类进行分类研究。分别为岛状硅酸盐(如锆石、橄榄石、石榴石、红柱石等)、环状硅酸盐(如绿柱石等)、链状硅酸盐(如锂辉石、霓石、硅灰石等)、层状硅酸盐(如滑石、高岭石、叶蜡石、叶蛇纹石等)及架状硅酸盐(如斜发沸石、丝光沸石等)等。这些黏土矿物良好的吸附能力来源于其表面结构大半径的阳离子(如 Al^{3+} 等)取代 Si^{4+} 后所产生的富余的负电荷,因此可以吸附流体中的正电荷离子(粒子),除此而外,其良好的吸附性能还来自它们的高比表面积和高孔隙率等。

在上述的天然铝硅酸盐材料中,一般含有硅醇基团,因此在化学特性上具有亲水性,其质地多孔、比表面积大、机械稳定性强、去除染料废水中的染料污染物能力较强,对其的研究也备受关注。然而,由于其在碱性溶液中电阻较低,因此,必须在pH 小于 8 时作为其媒介溶液(周崎,2012)。

1.4　人工合成矿物吸附材料研究进展

人工合成矿物吸附材料的主要目的是最大限度地摒弃天然矿物的缺点,从而充分利用或最大限度地发挥某些天然矿物吸附性能的优势,用于治理环境问题。例如丝光沸石,由于结构为架状的铝硅酸盐矿物,因此具有很好的吸附性能,但如果需要高纯度的丝光沸石就需要人工合成。目前,国内外关于人工合成的方法中,应用较多的为水热合成法、室温合成法、微波合成法及气相转移法等。

1.4.1　水热合成法

水热合成法在吸附材料中的应用,主要是制备一些高性能的介孔材料(孔径为2~50 nm),用于吸附水体中的染料及重金属离子等污染物。

国内外常见的利用水热合成法合成的吸附材料主要为沸石分子筛,其常用的合成方法是以正硅酸乙酯为硅源,四丙基氢氧化铵为模板剂和碱源(Song,2004),

然而也有利用其他原料制备沸石分子筛的。如刘海林等(2011)采用坡缕石和高岭土为原料，通过水热法成功制备了Y型分子筛，研究表明在最佳条件下，其对于亚甲基蓝的脱色率和降解率均在80%以上；谭宏兵课题组(2009)则以略阳粉煤灰为主要原料，并添加NaOH和$Al(OH)_3$两种固体水热合成，研究结果表明：在不同温度和保温时间下，得到的产物不同，分别为硅铝酸钠、霞石、A型沸石及方钠石等，其中A型沸石的吸附效率最优，为99.83%；孙霞等(2012)利用原位水热合成法制备出Ce(IV)-X型分子筛，最大比表面积达到929.30 $m^2·g^{-1}$，对于噻吩的饱和吸附量为52.5419 $mg·g^{-1}$，再生饱和吸附量亦能达到新吸附剂的90.43%；Hassan等(2011)通过水热合成法原位制备得到的Y型铁基分子筛对酸性红(AR1)的去除率高达99%。

另外，在水热合成方面，也有少量报道合成TiO_2介孔材料、γ-Al_2O_3介孔材料、羟基磷灰石微米晶材料等用于吸附废水中的染料或其他有机物等。如吴韡等(2008)利用水热合成法制备介孔TiO_2材料，发现240℃时制备得到的介孔材料吸附性能最优；内蒙古师范大学的周新革(2010)以$Ti(SO_4)_2$为Ti源、以CTAB(十六烷基三甲基溴化铵)为模板剂制备出不规则球状形貌的介孔TiO_2材料，分析结果表明该材料比表面积为161.2 $m^2·g^{-1}$，孔径发育，介孔孔径为5.2 nm。对甲基橙的极限吸附量远高于非介孔的TiO_2材料，为454.5 $mg·g^{-1}$，主要是由于氢键和静电力同时作用引起的吸附，且该吸附过程属于放热反应，能较好与Langmuir和Freundlich两个吸附等温线模型相拟合；单佳慧等(2011)以$Al(NO_3)_3$为Al源，$Ce(NO_3)_3·6H_2O$为Ce源，P123为模板剂，采用一步水热合成法制备出负载Ce的有序介孔γ-Al_2O_3材料，结果表明：该介孔材料具有比表面积大(＞214 $m^2·g^{-1}$)和孔径分布窄的特性，对噻吩类有机物的吸附较为显著；周利民(2012)课题组利用低温水热条件，以壳聚糖为主要原料原位制备出磁性壳聚糖纳米材料，对AO10和AO12两种染料的吸附量分别为1.75 $mmol·g^{-1}$和2.73 $mmol·g^{-1}$。

然而，国内对于水热合成法制备出来的矿物吸附材料多数是对吸附性能较佳的样品进行表征和相应的机理分析。

1.4.2 室温合成法

与水热合成法相比，室温合成法合成条件较为温和。一般是在室温条件下，利用模板剂控制反应时间或采取骤然停止反应的措施，控制晶粒的大小。2013年，德国柏林亥姆霍茨大学研究中心专家在室温下利用一个所谓的“聚合物纳米反应器”成功制备了TiO_2晶体颗粒，这为低温制备TiO_2晶体提供了又一项突破性技术，化学家能够通过调控反应速度，从而控制纳米晶体的大小和质量，这也保证了二氧化钛纳米晶体的结构性及其吸附催化功能；而我国在该项技术的合成也不落后于国外。闻明涛等（2005）在室温条件下的碱性介质中合成的介孔分子筛MCM-48具有规则的孔道结构、大比表面积、大孔容和窄分布的孔径（90%孔径在4 nm以下）；Liu等（2011）在室温下，以钛酸丁酯为前驱体，通过水解沉淀法合成了金红石型纳米TiO_2粒子，结果表明：低温、低pH以及一定量的Cl^-有利于反应的进行；山东大学的赵小亮（2012）首创了一种相转移催化剂参与的室温双相合成组装配合物的方法，并用此方法合成了非穿插的一维金属——有机纳米管状配合物和存在一维水带的一维链状配合物。

1.4.3　微波合成法

微波辐射晶化是20世纪70年代发展起来的合成方法，此法具有条件温和、能耗低、反应速度快、粒度均一且粒径小的特点（袁昊，2013）。其原理是利用磁控管产生波长为1 cm至1 m，相应频率为30～0.3 GHz的高频微波快速振荡反应物分子，使其取向与电场方向一致，而当电场方向发生变化时，目标分子则随之发生转向以满足取向与外加电场的方向一致性，由于目标分子在此条件下来回转动，产生碰撞、挤压、摩擦、重组而形成分子筛晶体（陆骏，2000）。

1988年，Vartuli团队以专利形式报道了微波法合成分子筛的应用技术（张迈生，2000）；宋天佑等（1996）以水玻璃、铝酸钠和氢氧化钠等为原料，利用微波法成功合成出NaX分子筛；Cundy等（1998）在晶化阶段采用微波辐射技术合成了MCM-41介孔分子筛；张迈生（2000）团队首次在晶化和脱模两个阶段使用全微波辐射法（MRM）合成MCM-41介孔分子筛；张扬健等（2000）利用微波辐射法快速合成出孔道规整、热稳定性及结晶性良好的中孔分子筛（W-MCM-48）；曹明礼等（2003）利用微波法将辽宁某地钙基膨润土改性合成出有机-无机柱撑蒙脱石，试验结果表明：合成出的柱撑蒙脱石的晶层间距明显增大，且对废水中苯胺的吸附效率有较大程度提高；李济吾等（2004）利用微波合成法制备有机膨润土，并将其与常规湿法合成的膨润土做对比，结果表明：微波法制备得到的CPC-有机膨润土层间距增加12.8%，有机碳含量增加32.5%，对Acid Scarlet GR的吸附效率提高了50.89%，但比表面积下降33.9%且不易脱附；马骏等（2006）以粗孔硅胶、偏铝酸钠和四乙基氢氧化铵等为原料，利用微波法合成了β-沸石［最佳合成条件为：$n(H_2O):n(SiO_2)=2.5:1$，微波辐射时间为1 h，温度为140℃］，结果表明：合成沸石对于氨氮的饱和吸附量的高低取决于合成沸石的相对结晶度，当相对结晶度为100%时，β-沸石对于氨氮的保护吸附量达到最高，为47.53 mg·g^{-1}；武占省课题组（2009）利用十六烷基三甲基溴化铵（HTAB）为改性剂，辅助微波合成法成功制备出有机改性膨润土,研究结果表明:该有机膨润土对苯系物的吸附能力具有明显的正相关性,吸附量大小依次为 CH_3—C_6H_4—CH_3＞CH_3—C_6H_5＞C_6H_6;除此而外,微波合成法不仅可以合成分子筛、有机膨润土、沸石等上述粉末状材料,也可以合成 LTA 分子筛膜、Silicalite-1 膜等材料(袁昊,2013)。

1.4.4 气相转移法

20 世纪 80 年代末,人们开发出了一种新的合成方法——气相转移法(VPT),1989 年徐文团队申请并获批了关于气相合成法制备沸石的专利。该方法的过程是将合成原料制备成凝胶,然后将凝胶固化置于支撑体上放置在水热反应釜中部,再在釜底加入一定计量的水和有机胺作为液相部分,加热反应过程中凝胶在挥发的水蒸气与有机胺的作用下转化成为沸石分子筛。其优势在于模板剂用量、水量和废液排放量均较少,设备占地面积小,同时省去母液与目标产物分离过程,不会产生大量废液,对环境友好,方便控制反应产物中各组分的比例。

2007 年,张强等以硅溶胶、磷酸、三乙胺及拟薄水铝石(别名"水合氧化铝")等为原料,利用气相转移法成功合成 ZSM-5/SAPO-5 复合分子筛,并比较分析了与水热合成法的优劣,结果表明:气相转移法可以有效减小壳层 SAPO-5 的尺寸,减少其脱离核表面独立生长的量,从而改善了 SAPO-5 在核表面的分布状况;2008年,韶晖课题组采用气相转移法分别合成了 MnAPO-5 和 CoAPO-5 两种分子筛,前者的最佳合成条件为:干胶中 $n(H_2O):n(Al_2O_3) = 60\sim400$, $n(MnO):n(Al_2O_3)=0.1\sim0.2$,合成时间和温度分别为 $1\sim2$ d 和 $180\sim200$℃,后者的最佳制备条件为:干胶中 $n(Al_2O_3):n(P_2O_5):n(CoO):n[(PrO)_3N]:n(H_2O) = 1:1$ $:0.2:1:200$,液相中 $V(三乙胺):V(H_2O) = 1:40$,晶化温度和时间分别为 200℃和 48 h;2011 年,邱永福团队将该方法进行改进,引入氧化-沉淀法,发现其在氧化物纳米材料的制备过程中有效地降低了反应温度,并且可以通过控制 N_2 气流、O_2进气位置与方式、蒸发温度等试验条件,达到对目标产物形貌、晶体结构等方面的控制。

然而,对于沸石分子筛膜合成的报道,气相转移法远不如水热晶化法的数量多,仅有丝光沸石、Ferrierite、方沸石、ZSM-5 和 ZnAPO-34 等分子筛膜(Matsukata,1997;Matsukata,1999;曾昌凤,2004)。

1.5 改性矿物吸附材料研究进展

矿物改性的方法较多,如插层、负载、掺杂、同晶取代等。但目前在吸附材料领域应用较多的是前两种技术,主要是增大矿物的层间距或表面性质等,从而增加矿物吸附材料对于目的粒子的吸附量。

1.5.1 矿物材料插层-吸附技术

现有的研究资料显示,插层技术主要针对一些具有层状结构的硅酸盐和石墨等矿物,因为其层间的结合力为范德华力/静电力,所以层与层之间较易被剥开并插入小分子单体撑大层间距离,从而增大其比表面积,大幅度提升这类层状矿物的吸附性能。目前主要的插层技术有溶液插层和熔融插层两类。

廖仁春等(2002)利用溶液插层技术将 α-巯基苯并噻唑插层到高岭石中,增大其层间距,其对于溶液中 Pb^{2+} 的最大吸附量为 $4.25~\mu mol \cdot g^{-1}$;Vaia(1997)和 Lee(2010)等则利用熔融插层技术将 PS 插层到蒙脱石中,插层技术分两步进行:①插层分子穿透初级粒子到达晶粒边缘;②插层分子从晶粒边缘进入晶格层间,在此基础上经历了选择相容的聚合物/层状硅酸盐体系的一般原则,即聚合物的极性越大或亲水性越强,有机层状硅酸盐的功能化基团越短,越有利于插层,其吸附能力越强。另外,增大层间距,改善层间微环境,使矿物外表面由亲水转变为亲油,这样更有利于材料吸附。例如将石墨插层后,在插层物端加热,利用两端的温差形成必要反应压差,使得插层物以小分子的状态进入鳞片石墨层间,从而制得膨胀石墨,其对于水体中的有机污染物有很强的吸附能力,在最近几次海上的大型石油泄漏事件中,均表现出对于原油具有很强的吸附能力,且大量的研究也表明膨胀石墨对于有机物的吸附性能远远超过活性炭(许霞,2006;黎梅,2008)。吴平霄(2003)分别利用 HDTMA 和 HDPY 两种有机物插层改性蛭石,研究其对于非离子型有机污染物(如氯苯和苯酚等)的吸附特性,结果表明:插层改性后的蛭石吸附氯苯和苯酚的能力较之原矿,得到大幅度提升,且由于苯酚的存在,改性蛭石对于氯苯的吸附能力得到一定程度的提升;杨莹琴等(2008)利用己内酰胺插层有机膨润土制得 SMA 并对其进行吸附特性分析,研究发现反应温度为 70℃,pH 6,反应时间为 1 h 时插层有机膨润土对甲基橙的吸附效率可高达 95.6%,对实际废水的吸附率也高达 91.5%;陈慧娟等(2009)利用羧甲基壳聚糖插层膨润土并讨论其对酸性蓝的吸附性能,结果表明:90 min 时,制备得到的有机插层膨润土对染料的吸附效率可达 93%;成都理工大学韩璐(2009)利用两步插层技术成功将 $HDTMA^+$ 插入微晶白云母层间,结果表明:微晶白云母对亚甲基蓝的吸附量增大一倍以上;苏继新等(2009)分别采用焙烧复原、离子交换和一步改性 3 种方法成功将表面活性剂 SDS(十二烷基硫酸钠)插层改性水滑石,研究结果表明:3 种方法制得的插层改性水滑石(SDS-HT)层状结构均较良好,因此对硝基苯显示出较高的吸附效率,而其中由于焙烧法制备得的插层材料 SDS 含量最多,所以其吸附量最大,为 44.5 mg·g^{-1}。任建敏等(2010)利用 CTMA 对膨润土进行插层改性研究,结果表明:其对甲基橙有较好的吸附性能,且吸附等温线满足 Langmuir 和 Freundlich 两个模型,整个吸附过程为自发的放热物理吸附,更适合用准二级动力学模型描述。马娟娟等(2011)利用壳聚糖插层蒙脱土制备 SMA 用于吸附酸性黑 10B 染料,研究表明:SMA 对染料吸附效率高达 94.8%(条件为 pH 5.0,染料浓度为 100 mg·L^{-1},吸附材料用量 5 g·L^{-1}),吸附过程为自发放热过程,符合准二级动力学模型。湘潭大学的夏燕(2012)以水滑石(LDH)为基材,进行插层改性并研究其对酸性染料的吸附特性。研究结果表明:①CO$_3^{2-}$ 插层的水滑石对酸性染料的吸附主要包含表面吸附和离子交换吸附两种机制,且吸附性能与废水体系中电荷密度呈负相关关系;②Fe、Mg 插层水滑石焙烧后的产物 LDO 与 LDH 相比较,比表面积增大近一倍,且对靛蓝二磺酸钠的吸附特性与前驱体存在显著差异;武汉理工大学成娅(2012)通过一步水热法将十二烷基苯磺酸钠(SDBS)插层至锌铝水滑石层间,层间距增大 3 倍多,成功制备出疏水性水滑石空心微球材料,研究表明当吸附温度为 25℃,pH 中性时,水滑石插层材料对邻苯二甲酸二甲酯吸附效果最佳,饱和吸附量高达 285.7 mg·g^{-1}。程华丽等(2014)利用壳聚糖插层改性蒙脱土用于吸附活性红染料,研究表明:吸附过程符合准二级动力学模型,吸附速率受颗粒外扩散过程的控制,且再生循环使用潜力较大(循环再生 15 次后,再生率和吸附量分别为 60.5% 和 266.27 mg·g^{-1})。

综上所述,插层技术可将物质的分子层间增大,改变矿物的表面性质,增强对于污染物的特效吸附,但无形中就减少了矿物自身的密度或使水处理中悬浮的微细颗粒量增大,反而易形成"二次污染",因此如何将这些插层矿物固定,或增大其沉降性能,是大规模工业化应用所必须解决的一个关键性问题。

1.5.2　矿物材料负载-吸附技术

用于水环境治理的矿物材料负载主要是将过渡金属元素(如 Ag、Cu、Zn、Ni 等)、金属氧化物(如 TiO$_2$、MnO$_2$、ZnO 等)、有机高分子(如壳聚糖、腐殖酸、人工合成有机物等)等具有某些特性的组分组装到非金属矿物的表面上或空隙里,这样既解决了这些纳米粒子容易团聚的问题,减少了其用量,又可以利用矿物的多孔结构以及较强的离子交换性实现水中污染物的定向富集,矿物材料负载不仅大幅度提高了材料的力学性能,还赋予了基体材料一些其他的新的功能(李杰,2011)。刘维俊(2006)利用壳聚糖对不同温度下焙烧得到的偏高岭石进行负载改性研究,结果发现改性后的偏高岭石吸附性能优于仅用酸活化改性的矿物样品;马霞等

（2008）利用化学法成功在蒙脱土表面负载含丰富羟基的 δ 型 MnO_2，研究表明：该 SMA 具有吸附速度快的特性，数据能较好地与 Lagergren 二级速率方程相符合，在一定条件下，其对 $40\ mg \cdot L^{-1}$ 的酸性大红 3R 反应 2.5 h 的去除率可达 98.48%；王琪莹等（2009）在以钠基膨润土为基材合成的钛层柱黏土（Ti-PILCs）上负载过渡金属元素，并研究对有机物吸附性能，结果表明负载 Ni、Cu、Zn 或 Ag 等过渡金属元素的钛层柱黏土吸附性能显著提高，其中尤以 Zn/Ti-PILCs 的效果最佳，有机污染物去除率达 90.6% 且再生吸附性能较佳；邵红课题组（2009）利用壳聚糖对天然膨润土进行负载改性，发现改性后的膨润土表现出较强的疏水性能，因此使膨润土对于有机染料酸性大红的吸附净化性能提高近 6 倍；咸月等（2013）进一步研究了壳聚糖负载改性膨润土吸附含酚废水的动力学，结果表明吸附能力随溶液初始浓度的上升而逐渐降低，吸附量却表现出逐渐上升趋势且在 120 min 后趋于饱和吸附；清华大学章真怡（2010）采用 $37\sim63\ \mu m$、$105\sim125\ \mu m$、$177\sim250\ \mu m$ 和 $350\sim500\ \mu m$ 等不同粒径玻璃珠作为载体，负载腐殖酸用于吸附有机污染物，结果表明，粒径小的玻璃珠由于比表面积较大，腐殖酸负载效率和对有机物的吸附能力均表现较高水平，但若采用负载效率与吸附能力系数的比值评价其对于有机物的吸附能效，则结果与之相反；牟淑杰（2010）采用粉煤灰负载两种有机高分子聚合物（阳离子型聚季铵盐和 PDMDAAC），研究结果表明改性粉煤灰对染料废水的脱色效果优于粉煤灰原料；王广建等（2011）利用 $HClO_4$ 氧化预处理活性炭，再用等体积浸渍法将 ZnO 负载于活性炭表面，制备出 ZnO-活性炭 SMA 并评价其性能，结果表明活性炭表面负载的 ZnO 组分分布均匀，活性中心的数量得到大幅度提高；胡巧开等（2011）将壳聚糖成功负载至 Al^{3+} 改性膨润土表面，当壳聚糖负载量为 $0.03\ g \cdot g^{-1}$ 时，Bent-CTS 对活性艳橙的最大吸附量达到 $1742.48\ mg \cdot g^{-1}$。

另一方面，纳米 TiO_2 与矿物材料的结合拓展了其对光的吸收范围，有利于电子-空穴的分离，提高光降解的效率。吴子豹团队（2007）分别利用天然蛭石和 4A 沸石为载体，成功负载 TiO_2 并用于对甲基橙吸附及光催化活性研究，结果表明，两 SMA 吸附数据均能较好地用 Freundlich 和 Langmuir 两个吸附等温线模型描述，但脱色效率前者较后者高近 10%；河北师范大学的贾志欣（2006）成功将 TiO_2 负载于膨胀石墨表面，将 TiO_2 的光催化活性成功引入膨胀石墨中，从而大幅度提高膨胀石墨净化有机废水的能力；南京林业大学的侯云建（2009）在此基础上，深入进行掺钒试验研究，结果表明掺钒后的样品在可见光下催化效果得到显著提高；除此而外，此类矿物基材还有火山灰、浮石、膨胀珍珠岩、蛇纹石、凹凸棒石、粉煤灰等。

除上述溶液法负载技术外，还有利用熔融法作矿物负载研究的，如谢治民（2007）分别用焦硫酸钾熔融法和钛酸丁酯溶胶法制备 TiO_2/海泡石光催化剂，使制备得到的吸附材料具有一定的光催化活性。

　　然而,使用该类材料常遇到的问题是矿物及类矿物材料本身常呈小颗粒状,仍存在反应后滤除光催化剂的不便,而且由于其过强的吸附性能,使得催化剂长时间使用失效后,二次活化变得更加困难。

1.5.3　矿物材料掺杂-吸附技术

　　矿物材料掺杂改性,一般是利用层状硅酸盐矿物、锐钛矿型 TiO_2 及石墨、石墨烯等一些纯度较高的矿物作为基材,利用金属离子掺杂、贵金属沉积、半导体复合、阴离子改性等技术在金属氧化物中掺入少量其他元素(如 Al、Ni、Zn、Cu、Pb、Co 及镧系元素等)或化合物,使矿物基材晶体产生空位、原子置换、原子间隙和位错等晶体缺陷现象,在某种程度上促进原矿物母体产生特定的光学、电学和磁学等性能,从而更具有实际应用价值或特定用途。

　　Sabah 等(2002)的研究证实,用季铵盐(quaternary amines)改性的海泡石,可以吸附各种偶氮活性染料,吸附能力也大大提高;Ghosh 和 Bhattacharyya(2002)将高岭土提纯后,再通过 NaOH 改性修饰,其吸附能力也明显改善;中科院广州地化所的胡晓洪(2007)利用掺杂改性后 TiO_2 负载到炭吸附材料表面,赋予吸附材料较高的光催化活性;毛新平和梁春华(2009)研究表明镧的掺杂有利于 TiO_2 吸附有机阳离子染料——甲基橙的能力,且随着掺杂量的提高而增强;唐文华等(2010)研究了不同条件下分别掺杂 Al、Ni、Zn 等几种金属元素的 TiO_2 对于葛根素的吸附性能,结果表明准一级吸附速率常数由大到小依次为原矿、掺 Ni、掺 Al、掺 Zn,且掺 Ni 和掺 Al 的 TiO_2 更有利于吸附分离葛根素;梁春华等(2011)利用 Sol-Gel 法成功在锐钛矿型 TiO_2 晶粒上掺杂稀土离子 Pr^{3+} 并进行特性研究,发现:①Pr^{3+} 的掺杂可有效抑制晶体颗粒的生长,有利于提高 TiO_2 的热稳定性及其在可见光范围内的吸收能力;②Pr^{3+} 的掺杂量与 TiO_2 表面吸附染料 KE-4RN 的能力呈正相关关系,且当掺杂量为 1.5% 时 TiO_2 的光催化活性提高最为显著;张伟等(2011)将蒙脱石原矿与分别负载了 Cu^{2+} 和 Pb^{2+} 两种金属离子的改性蒙脱石进行吸附性能比较研究,发现经金属离子改性的蒙脱石更易发生阳离子交换吸附。另外,负载的阳离子半径越大,则蒙脱石层间间距增大越明显,较大的水合阳离子染料更易扩散到吸附材料内表面,因此 3 种吸附矿物材料对于结晶紫的吸附效率依次为 Cu-M＞Pb-M＞M;雷雪飞等(2012)通过高能球磨法成功将硝酸掺杂至钛精矿晶格内,制得吸附材料 NATO 并对有机染料甲基橙进行吸附性能检测分析,结果表明:最佳工艺条件下制备得到的吸附剂 NATO 对有机阳离子染料吸附性能明显高于未掺杂改性样品,吸附脱色率相对于未改性样品提高近一倍,且沉降性能好,易于分离;宫明等(2012)研究了 Al^{3+} 掺杂 TiO_2 在普通玻璃基体上形成薄膜型材料的结构及染料吸附性能,结果表明一定量的 Al^{3+} 掺杂可抑制 TiO_2 晶粒的生长,使薄膜材料表面更易形成均匀的多孔结构,且当掺杂量为 TiO_2 物质的量的 1% 时,薄膜材料的染料吸附量为最大;Cao 等(2012)研究表明,铜的掺杂可显著提高介孔 SiO_2 微球吸附净化废水中亚甲基蓝的能力;华东理工大学张曼露(2013)利用 erdew-Burke-Ernerh 泛函对 B、N、O、S 4 种非金属原子掺杂改性石墨烯吸附汽车尾气进行全局优化研究,结果表明 N 的掺杂可提高石墨烯对 NO_2 气体污染物的选择性吸附,S 的掺杂使得石墨烯对于 NO_2 后费米能级态密度大幅下降并趋于零,O 或 B 掺杂改性后的石墨烯材料在吸附 NO 气体后,电导率将发生显著变化。

除此而外,方玉堂课题组(2004;2009)亦研究了类矿物基材料——硅胶掺杂 Al、Co、Ti 3 种金属元素的试验研究。结果表明:①3 种金属元素的掺杂可一定程度地提高硅胶的孔容和比表面积,增加吸附活性位,以提高吸附材料的吸附性能;②3 种金属元素的掺杂使得硅胶表面形成 Al—O—Si 键、Co—O—Si 键、Ti—O—Si 键,增强吸附材料孔道骨架支撑结构,使其耐热性及表面导热性等得到显著提高;③材料的 BET 比表面积和饱和吸附量按硅胶、掺 Co、掺 Ti 和掺 Al 依次递增;④材料平均孔径、前期吸附速率及热稳定性按掺 Co、掺 Al、掺 Ti 及硅胶顺序依次递减。

1.6 矿物复合材料研究现状

矿物复合材料是由两种或两种以上不同性质的材料,通过物理或化学的方法,在宏观上组成具有新性能的矿物材料。同时,各种矿物材料在性能上互相取长补短,产生协同效应,使矿物复合材料的综合性能优于原组成材料而满足各种不同的要求。纳米矿物复合材料是其中最具吸引力的部分,发展很快。

1.6.1 纳米矿物材料

纳米材料是指结构单元在三维空间内至少有一维是在 $1\sim100$ nm 的结构材料,且表现出与该物质在整体状态时所不具备的某些特殊性质(如磁性、光催化性、导热导电等特性)。多孔纳米材料由于具有比较大的表面,与相同材质的大块材料相比较,有较强的吸附性能,利用多孔材料强吸附和催化性能,人们开发出有利于净化环境的优良吸附材料的载体(刘薇,2009)。而纳米矿物材料是指利用矿物(主要是非金属矿物)天然的纳米结构特征或深加工后所呈现的纳米结构特征(纳米微粒、纳米尺寸孔洞、纳米层间距离、纳米管、纳米棒、纳米丝、纳米纤维、网状结构等），通过特定的加工制备技术，将其与其他原材料组装、复合而成的具有特殊物理、化学性能的新材料（刘曙光，2002）。纳米矿物材料大多为复合材料。

目前应用比较多的纳米吸附材料主要为纳米金属氧化物、碳纳米管、纳米分子筛、纳米 SiO_2、纳米级黏土矿物的表面修饰等。Yang 等（2008）利用米糠基活性炭对纳米 Fe_3O_4 进行表面改性，得到 Fe_3O_4-RHC 复合材料，并用于吸附净化含有甲基蓝的染料废水，平衡吸附量达 321 mg·g^{-1}，且磁分离效果较好；Oliveira 等（2002）利用共沉淀法制得 Fe_3O_4-活性炭复合纳米吸附材料，并用于吸附净化有机污染废水，研究发现，对氯仿、苯酚及氯苯的平衡吸附量分别为 710 mg·g^{-1}、117 mg·g^{-1} 及 305 mg·g^{-1}，与未改性的活性炭吸附量相差不大；Shariati 等（2011）利用十二烷基磺酸钠对纳米金属氧化物 Fe_3O_4 进行改性并用于吸附染料（番红 O）研究，结果表明纳米 Fe_3O_4 经表面功能化修饰后，吸附性能有所提高，对番红 O 的平衡吸附量达 769.23 mg·g^{-1}，且磁响应性也未消失；王昕（2008）和焦新亭（2007）等采用碳纳米管分别对甲基橙和亚甲基蓝进行吸附处理，发现纯化的碳纳米管的吸附效率明显高于未纯化的，且随着吸附温度的增加，碳纳米管的吸附效率也随之而提高，符合 Langmuir 及 Freundlich 经典等温方程所描述的规律；Deng 等（2008）采用 Stober 法成功制备 $Fe_3O_4@nSiO_2@mSiO_2$ 3 种物质复合而成的介孔材料，饱和磁化强度为 53.3 emu·g^{-1}，呈现出较强的磁响应性。研究表明该介孔材料对微囊藻毒素的去除率高达 95% 以上。由此可见，核壳结构的磁性介孔氧化硅所形成的复合内核以及壳层所形成的发散性孔道结构有利于吸附过程中污染物的扩散，从而提高了其对污染物的吸附性能。

除此而外，其他纳米吸附材料在国内外均有学者进行研究，其比表面积不断刷新记录，接近理论极限，例如活性炭比表面积的量子计算极值为 4500 m^2·g^{-1}，据报道国外研制出的纳米活性炭材料已经超过 3500 m^2·g^{-1}，而国内学者也研究出接近 3400 m^2·g^{-1} 的纳米活性炭材料。但是这些超大比表面积的材料，多数由于其孔径尺寸分布过宽而无序，不利于对客体的吸附，基于上述原因，成功合成表面积更大、尺寸分布更窄的有序介孔氧化铝对于材料本身及其应用具有十分重要的现实意义。

1.6.2 多矿物复合材料

吴子豹等（2007）分别以天然蛭石和 4A 沸石为载体，制备了 TiO_2-蛭石及 TiO_2-4A 沸石两种复合材料，结果表明：BET 比表面积均比原矿有所提高，且后者提高较多，为 40%。然而通过 Langmuir 吸附模型计算两材料对甲基橙的最大吸附量，前者的为 3.69 mg·g^{-1}，而后者的仅为 2.11 mg·g^{-1}，这主要是由于天然蛭石的层间距远大于染料分子的直径（0.53～1.47 nm），而 4A 沸石的孔径小于 0.4 nm；吴雪平等（2008）利用水热法制备了凹凸棒-碳纳米复合材料并研究吸附净化苯酚的效果，结果表明：葡萄糖经水热碳化后以无定形碳的形式沉积在凹凸棒表面，使其表面具有—CH 有机官能团，对有机物具有一定的亲和力，因此凹凸棒对苯酚的净化效率得到大幅度提高，接近活性炭的吸附效率；中南大学的王丽平（2012）在制备 ACF-CNT 复合材料的过程中发现，该材料的比表面积、表面基团和孔径分布等结构性能参数，可通过改变 C_2H_2 裂解温度、裂解时间、催化剂前驱体浓度、C_2H_2 流量和 H_2 流量等制备条件控制；王新语团队（2012）利用沸石、壳聚糖及淀粉为原料制备了 CFS 复合材料并用于吸附净化活性艳红 M/8B 染料研究，其最大吸附量达 23.825 $mg \cdot g^{-1}$；顾诚课题组（2013）以膨胀石墨为基材、磷酸为活化剂、蔗糖为碳源，采用真空浸渍法经炭化、活化制得膨胀石墨基 C—C 复合材料，研究发现，其 BET 比表面积高达 2112 $m^2 \cdot g^{-1}$，对甲醛的最大吸附量为 854 $mg \cdot g^{-1}$。

而以上这些复合材料均为粉体材料，重复利用的可能性较低且易造成二次污染。因此，近年来，我国的科学工作者正逐步着力于研究可重复利用率高且不造成二次污染的复合吸附材料。如：武汉理工大学的王湖坤（2007）利用水淬渣、粉煤灰及累托石为基材成功制备出水淬渣-累托石及粉煤灰-累托石两种复合吸附材料，且该两种材料均对水体中重金属离子污染表现出较高的吸附净化效果，且重复利用性高；大连理工大学的杜玉（2009）利用水热法制备得到的纳米 CuO 与 ACF 复合，并在戊二醛和壳聚糖的交联下负载到聚酯滤布上制成 CTS-CuO-ACF 聚酯功能复合膜，研究表明：酸性及较高温度条件均有利于该膜状材料吸附净化 N、P 污染物，且可重复利用性较高；苏慧等（2012）利用天然沸石、天然泥炭及水泥等材料进行造粒，研究表明该材料的抗压强度高达 6.8 MPa，具有较强的耐水性能，并且对水体中的 N、P 有较高的去除率，重复利用性亦较高。

1.7 矿物吸附材料处理废水存在的主要问题

在上述国内外相关技术研究总结的基础上，我们认为当前用矿物吸附材料处理印染废水存在的问题主要为以下几点：

（1）制备矿物吸附材料时，缺乏矿物原料的物相组成、晶体结构、矿物形貌、官能团等性质深入系统的工艺矿物学研究；

（2）部分矿物吸附材料由于组成的基材粒度细，遇水后易分散粉化，造成后续固液分离十分困难，易形成新的工业污泥，若这种工业污泥富集剧毒物质则对环境的二次污染危害性更大；

（3）对矿物吸附材料造粒技术研究较多，但是对其焙烧成型条件，尤其焙烧气氛因素的系统研究鲜见报道；

（4）对颗粒吸附剂解吸、再生研究较少，这是阻碍实际应用粉状矿物吸附材料处理废水的关键问题。

1.8 研究目标、研究内容和拟解决的关键问题

1.8.1 研究目标

以黏土矿物蒙脱石、累托石、偏高岭石为基材，研究制备可循环利用的黏土基多孔颗粒材料。重点探讨黏土基多孔颗粒材料的微观结构、吸附特性、孔道调控机制。以阳离子染料废水为吸附对象检验特性吸附材料的吸附效果并探讨吸附行为与吸附机理，并对于石英纯化废水中重金属离子及氟离子的净化做应用性探索研究。

1.8.2 研究内容

1. 工艺矿物学研究

筛选基材矿物，采用 X 射线衍射分析（XRD）、场发射扫描电镜分析（FESEM）、扫描电镜分析（SEM）、热重/微热重/示差扫描量热法分析（TG/DTG/DSC）、光学显微镜分析等现代测试技术对筛选的基材矿物进行表征分析，为黏土基多孔颗粒材料制备技术及应用与机理研究提供基础。

2. 黏土基多孔颗粒材料的制备及性能表征

（1）矿物改性　对基材矿物进行表面改性处理（如水热反应等技术），以期提高对阳离子染料的吸附能力。

（2）造粒成型　研究黏土基多孔颗粒材料造粒成型工艺技术。造粒有利于重复利用，不产生二次污染，改变治污产物的现状。利用 SEM、BET、XRD、FT-IR 等分析方法表征颗粒吸附材料物理及化学性能。

（3）加热键合、调控孔道结构与活性吸附位点　研究加热技术（如气氛焙烧等）对矿物吸附材料孔道结构、活性吸附位点的影响，便于分析提高特性矿物材料吸附性能的影响机制。加热是为了特性官能团发生键合，新增、扩大或重排孔道结构，产生更多活性吸附位点或高能活化区。

（4）物理性能表征测试　主要考察吸附材料的比表面积、孔容、散失率、孔隙率等。

3.吸附净化阳离子染料试验

（1）有机染料废水吸附净化　对具有代表性的阳离子染料废水（如甲基橙、亚甲基蓝、中性红或孔雀石绿等）进行吸附特性应用试验，主要研究吸附材料对阳离子染料废水的吸附净化效率、吸附化学平衡与吸附速度动力学机制。探讨吸附材料用量、染料浓度及 pH 等影响因素对染料吸附效率的影响。

（2）吸附表征　利用红外、紫外光谱、原子吸收、扫描电镜等现代测试技术对黏土基多孔颗粒材料的吸附性能进行表征分析。

4.循环利用

考察循环利用的次数及相应的散失率、吸附效率等。

5.微观机制与机理研究

（1）水热改性机理；

（2）焙烧环境中氧气对黏土基多孔颗粒材料吸附性能的影响机理；

（3）吸附动力学及热力学模型分析。

6.石英纯化废水净化应用研究

主要用于净化石英纯化废水中的重金属离子及氟离子等研究。

1.8.3　拟解决的关键问题

（1）基材矿物特性分析与改性研究；

（2）黏土基多孔颗粒材料对典型有机阳离子染料废水的吸附净化、循环利用及表征技术；

（3）水热改性的方法及机理研究；

（4）孔道调控机制与相关吸附机理；

（5）建模分析黏土基多孔颗粒材料吸附染料的热力学、动力学等相关机理。

第2章 基材矿物原料表征及性能分析

目前,基材矿物材料在环境方面的净化研究工作主要集中在吸附剂制备技术上,国内外学者对多矿物复合工艺、离子掺杂改性、合成技术以及表征等已进行了广泛的研究,而往往忽视了基材矿物的纯度、物相组成、晶体结构、特征官能团及物化特性等对矿物材料吸附性能的影响(王蓓,2011)。

本章采用 X 射线衍射(XRD)、场发射扫描电子显微镜(FESEM)、扫描电子显微镜(SEM)、傅立叶变换红外光谱(FT-IR)及热分析(TG/DTG/DSC)等分析方法,对所用的基材矿物原料(蒙脱石、累托石、偏高岭石及石墨等)进行表征及性能分析。旨在深入研究矿物物相、表面及界面特性、化学活性、吸附与脱附、循环利用可能性等特性及制备和染料吸附之间关系。

2.1 主要仪器及原料

2.1.1 主要仪器及设备

本章中所用到的主要仪器、设备详见表 2-1。

表 2-1 主要仪器和设备

Table 2-1 The primary instruments and equipments

仪器设备名称	型号	生产厂家
三头研磨机	RK/XPM	武汉洛克粉磨设备制造有限公司
标准检验筛	100~200 目	浙江上虞市金鼎标准筛具厂
标准振筛机	RK/ZS-Φ200	武汉洛克粉磨设备制造有限公司
远红外鼓风干燥箱	SC101-Y	浙江省嘉兴市电热仪器厂

续表 2-1

仪器设备名称	型号	生产厂家
转靶 X 射线衍射仪	RU-200B/D/MAX-RB	日本理学
扫描电子显微镜	JSM-5610LV	日本电子株式会社
场发射扫描电子显微镜	Zeiss Ultra Plus	德国蔡司
傅立叶变换红外光谱仪	IS-10	美国 Nicolet 公司
综合热分析仪质谱联用	STA449F3	德国耐驰

2.1.2 基材矿物原料

本书所用到的矿物原料或中间产物主要为蒙脱石、累托石、偏高岭石和石墨，分别来源于辽宁省建平县某选矿厂、湖北名流累托石科技有限公司、恩施市金山偏高岭土有限责任公司和黑龙江鸡西市某矿场。

1. 蒙脱石(Montmorillonite)

(1)化学成分及晶体结构   蒙脱石的结构层为 2:1 型、层间具有水分子和可交换性阳离子的二八面体型铝硅酸盐(如图 2-1 所示)(吴平霄，2004)。

其晶体化学式为：$E_x(H_2O)_n\{(Al_{2-x}Mg_x)_2[(Si, Al)_4)O_{10}](OH)_2\}$。其中 E 为层间可交换的阳离子，主要为 Ca^{2+}、Na^+、K^+、Li^+ 等；x 为 E 作为一价阳离子时单位化学式的层电荷数，一般为 $0.2 \sim 0.6$(王鸿禧，1980；潘兆橹，1993)。

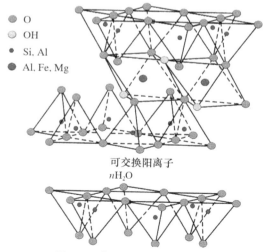

○ O
○ OH
· Si, Al
● Al, Fe, Mg

可交换阳离子
$n\text{H}_2\text{O}$

图 2-1 蒙脱石的晶体结构示意图
Fig. 2-1 The schematic diagram of crystalline structure of montmorillonite

蒙脱石的晶体结构与叶蜡石、滑石的晶体结构相似,均为 2∶1 型层状结构。不同点为:①四面体中的 Si 可被 Al 替代,但替代量一般不超过 15%;②八面体中的 Al 可被 Zn^{2+}、Ni^{2+}、Fe^{2+}、Fe^{3+}、Mg^{2+}、Li^+ 等替代。置换结果均引起电荷不平衡。蒙脱石的层电荷主要来自八面体中异价阳离子之间的置换,部分来自四面体中的置换。四面体片和八面体片间的阳离子置换所引起的电荷不平衡主要由层间阳离子(多为 Na^+、Ca^{2+})来补偿,且这些层间阳离子是可交换的;③蒙脱石结构层之间的层间域除能吸附水分子外,还能吸附有机分子(潘兆橹,1993)。

(2)物理化学性质　蒙脱石的形态、成分和结构特点决定了它具有优良的吸附性、阳离子交换性、表面电性、膨胀性、分散悬浮性、高温膨胀性、可塑性及黏结性等性能,因此是制备黏土基多孔颗粒材料优选原料之一。

2. 累托石(Rectorite)

(1)化学成分及晶体结构　累托石(如图 2-2 所示),是二八面体云母与二八面体蒙脱石族矿物按 1∶1 规则堆垛形成的,为层状结构含水铝硅酸盐。

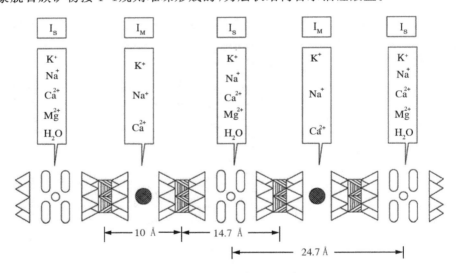

图 2-2　累托石的晶体结构示意图($1\ \mathring{A}=10^{-10}\ m$)

Fig. 2-2　The schematic diagram of crystalline structure of rectorite

晶体化学式为:蒙脱石层/伊利石层,即$(Na,Ca,K)_2\{Al_4[(Al,Si_3)_2O_{20}](OH)_4\}/E_{2x}(H_2O)_n\{(Al_{4-2x}Mg_{2x})_4[(Si,Al)_8]O_{10}](OH)_4\}$。其中小括号内为八面体阳离子或四面体阳离子及羟基;中括号内为 Si—O 四面体片;大括号内为结构层;大括号外为层间物,包括阳离子、水化阳离子和水分子(王湖坤,2007)。

（2）物理化学性质　　无论是结构上，还是化学性质上，累托石的结构不是伊利石型晶层与蒙脱石型晶层的简单叠加，它们之间有本质的差异。因此累托石晶层不同于其他层状结构硅酸盐矿物的晶层，它具有良好的胶体性能，在水中易沿蒙脱石晶层的层间域裂开并散成微粒，较大的电负性与有机复合作用等特性，因此在制备黏土基多孔颗粒材料中可与蒙脱石优势互补。

3. 偏高岭石（Metakaolin）

（1）化学成分及晶体结构　　偏高岭石是以高岭石（kaolin，$Al_2O_3 \cdot 2SiO_2 \cdot 2H_2O$）为原料，在适当温度下（600℃以上）经脱水而破坏，形成结晶度很差的过渡相——偏高岭石（即无水硅酸铝，$Al_2O_3 \cdot 2SiO_2$）。

（2）物理化学性质　　由于偏高岭石的分子排列是不规则的，呈现热力学介稳状态，在适当激发下具有胶凝性。且处于介稳状态的偏高岭石无定形硅铝化合物，经碱性或硫酸盐等激活剂及促硬剂的作用，硅铝化合物由解聚到再聚合后，会形成类似于地壳中一些天然矿物的铝硅酸盐网络状结构。其在成型反应过程中由水作传质介质及反应媒介，最终产物不像传统的水泥那样以范德华键和氢键为主，而是以离子键和共价键为主、范德华键为辅，因而具有更优越的性能。

4. 石墨（Graphite）

（1）化学成分及晶体结构　　石墨的化学成分为单质碳（C），但自然界纯石墨少见，常伴生有黏土、SiO_2、MgO、CaO、CuO、Al_2O_3、FeO、P_2O_5 及沥青等，杂质多时可达 10%～20%。晶体结构为层状结构，碳原子组成六方网层（如图 2-3 所示）。

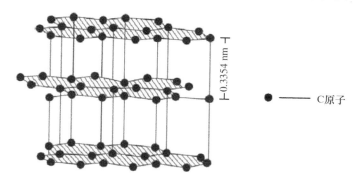

图 2-3　石墨的晶体结构示意图

Fig. 2-3　The schematic diagram of crystalline structure of graphite

石墨晶体中各碳原子的价电子以 3 个 sp^2 杂化轨道相互作用，形成具有共价键叠加金属键的六角形网状体平面层，各层再由类似金属键的离域 π 键和范德华力结合而成,理想的层间距为 0.3354 nm(王美荣,2010)。

(2)物理化学性质 巨大的层间距及弱键导致了石墨的片状形态和(0001)面极完全解理、低硬度、润滑、可塑、低密度;晶格的金属性使石墨呈金属光泽、不透明、良导电性和导热性;成分和坚强的结构使石墨具有化学稳定性、耐高温性、可塑性、吸热性及散热性等。但需要指出的是,石墨的化学稳定性是有条件的,即当加热至 500℃时开始氧化,700℃时水蒸气可对其产生侵蚀,900℃时 CO_2 也能对其产生侵蚀作用(潘兆橹,1993)。

另外,石墨经插层改性,加热膨胀后形成的膨胀石墨由于具有较大的比表面积及良好的有机吸附性能,目前常用于吸附净化环境中的有机污染物(Huang,2012;底兴,2013),尤其在最近几次处理海上原油泄漏事件中发挥了不可替代的优势作用,但由于固定困难、回收利用率低等成为其大规模应用于环境净化领域的限制性因素。

2.2　膨胀石墨的制备

称取一定量的石墨置于三口烧瓶中,加入一定量 $HClO_4$ 和 $KMnO_4$,反应 4 h 后用去离子水洗涤至中性,过滤、烘干(<60℃),再置于马弗炉中 900℃高温膨胀 10 s,即可得到体积膨胀系数为 130~180 mL·g^{-1} 的膨胀石墨。

2.3　分析方法

2.3.1　XRD 物相分析

利用特征 X 射线照射待测样品,在满足布拉格方程的条件下产生衍射效应,获得 XRD 衍射图谱,然后对其进行分析,从而查明材料的物相组成及有关物相晶体结构方面的信息。

所用仪器为日本 RIGAKU 的 D/MAX-IIIA 型粉晶衍射仪,相关测试由武汉理工大学材料研究与测试中心完成。测试条件为:CuKa 射线,电压/电流 35 kV/30 mA,接收狭缝 RS 0.3 mm,2θ 角范围 0.5°~3°,3°~70°,步宽 2θ 为 0.02°/step,扫描速度 10°·min^{-1}。

2.3.2　矿物微形貌特征分析

采用日本电子株式会社 JSM-5610LV 型扫描电子显微镜(SEM)及德国蔡司

Zeiss Ultra Plus 型场发射扫描电子显微镜(FESEM),将细聚焦的电子束在待测试样表面进行扫描,产生多种反映试样成分和形貌方面信息的物理信号。通常采用二次电子信号成像来观察样品的表面形态特点。由武汉理工大学材料研究与测试中心完成。

2.3.3 红外光谱特征(FT-IR)分析

利用傅立叶变换红外光谱法(FT-IR),将一束不同波长的红外射线照射到四种矿物原料样品的分子/晶体上,某些特定波长的红外射线被吸收,形成这一分子/晶体的红外吸收光谱,且每种分子/晶体的官能团均有其独特的红外光谱,据此分析 4 种基材矿物的官能团。

采用美国 Nicolet 公司生产的 IS-10 型傅立叶变换红外光谱仪,测试条件:KBr 压片,波数范围 $4000 \sim 400 \ cm^{-1}$,分辨率为 $4 \ cm^{-1}$,由武汉理工大学资源与环境工程学院重点实验室完成。

2.3.4 热学特性分析

利用 TG/DTG/DSC 热分析法,在程序温度控制下考察 4 种基材矿物原料物理性质与温度之间的关系(刘振海,1997)。在 TG/DTG/DSC 分析法中,物质在一定温度范围内发生变化,包括与周围环境作用而经历的物理变化和化学变化,诸如自由水、层间水、吸附水等的释放和挥发性物质对热量的释放或吸收行为等。其中某些变化涉及待测物质质量的损失或增加,发生热化学性质、热物理性质及电学性质变化等。因此,TG/DTG/DSC 分析的核心就是研究物质在外界温度变化时产生的物理和化学的变迁速率和温度以及所涉及的能量和质量变化,是建立在物质热行为上的一类分析方法。

采用德国耐驰综合热分析仪质谱联用仪,在温度范围和加热速率分别为室温至 1450℃和 $0.1 \sim 50 \ K/min$ 条件下,研究在程序控制过程中样品因物理变化和化学反应所引起的 DSC、TG 和 DTG 变化,从而为研究反应历程、机理和最适宜反应温度条件提供有力证据。

2.4 基材矿物基材特征

2.4.1 蒙脱石

蒙脱石来自辽宁朝阳市建平县矿样,其表征及性能分析结果如下:

1. XRD 物相分析

矿样的物相分析主要采用 XRD 分析,结果如图 2-4 所示。

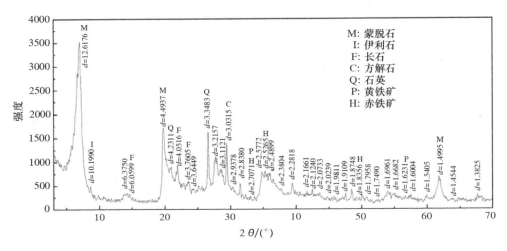

图 2-4　蒙脱石 X-射线衍射分析图谱

Fig. 2-4　XRD pattern of montmorillonite

从图 2-4 中可知,蒙脱石的 d_{001} 值为 12.6176Å,在 1.2～1.3 nm,表明为钠基蒙脱石(苗春省,1984),含量在 85% 以上;d_{060} 值为 1.4995Å,在 0.149～0.151 nm,表明蒙脱石为二八面体形(苗春省,1984)。其余伴生矿物主要为石英、长石、伊利石、方解石、赤铁矿和黄铁矿等(杨雅秀,1994)。

2. 微形貌特征

从图 2-5 可知,钠蒙脱石呈他形-半自形细鳞片状集合体。颗粒大小均匀,粒径为 1～20 μm。片体连续成片,在高倍镜下可见蒙脱石为片状且边缘呈卷曲状态及少量的其他矿物,这与前述的 XRD 分析(如图 2-4 所示)相吻合。

3. 红外光谱特征(FT-IR)分析

图 2-6 为蒙脱石原矿的傅立叶变换红外光谱图。图中可分析出蒙脱石主要官能团吸收振动特征(杨雅秀,1994;吴瑾光 1994;杨南如,2000;闻辂,1989;彭文世,1982):

(1)高频区　波数 3627 cm^{-1} 为蒙脱石中 Al—OH 引起的伸缩振动特征吸收峰或八面体高铁的 Fe—OH—Fe 引起的伸缩振动特征吸收峰;3441 cm^{-1} 为水分子中羟基的对称伸缩振动特征吸收峰。

图 2-5　蒙脱石场发射扫描电子显微镜形貌图

Fig. 2-5　**FESEM images of montmorillonite**（a. ×2000，b. ×5000，c. ×20000，d. ×50000）

（2）中频区　1633 cm^{-1} 为水分子 H—O—H 弯曲振动特征吸收峰；1586 cm^{-1} 和 1429 cm^{-1} 分别为方解石中 CO_3^{2-} 弯曲振动及非对称伸缩振动引起的特征吸收峰；1041 cm^{-1} 和 1092 cm^{-1} 为钠基蒙脱石的 Si—O—Si 伸缩振动引起的特征双峰，这主要是由于 Na$^+$ 水化能力弱于 Ca^{2+}、Mg^{2+}、Al^{3+}，普通蒙脱石层表面均与水形成氢键；另一方面 Na$^+$ 弱的水化能力，消除了 Na$^+$ 通过水作用对 Si—O 表面的氢键影响，同时使 Si—O—Si 键也略增强，故在钠基蒙脱石中 Si—O 键吸收得到大幅度提升，从而在红外光谱中有时会出现特征双吸收峰；918 cm^{-1} 处为蒙脱石中 Al—OH—Al 弯曲振动特征吸收峰；876 cm^{-1} 为方解石中 CO_3^{2-} 面外弯曲振动与 Fe—OH—Al 中 OH 弯曲振动共同引起的特征吸收峰；792 cm^{-1} 处出现一较强的 Fe—OH—Fe 中羟基的弯曲振动形成的特征吸收峰;710 cm^{-1} 为方解石中 CO_3^{2-} 面内弯曲振动引起的特征吸收峰。

(3)低频区 692 cm^{-1} 为 Si—O—Al 的伸缩振动特征吸收峰;467 cm^{-1} 及 521 cm^{-1} 的吸收峰分别属于为 Si—O—Fe 和 Si—O—Mg 的弯曲振动,其中前者强度大于后者的。对于蒙脱石而言,其中的 Fe 和 Mg 分别为 +3 价和 +2 价,则八面体中的 Fe 与 O 形成的化学键强度大,反映在红外光谱中的振动吸收强度弱;427 cm^{-1} 为 OH 平动,与晶格振动及 Si—O 弯曲振动耦合。

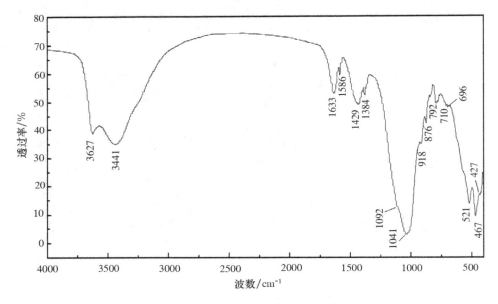

图 2-6 蒙脱石傅立叶变换红外光谱图

Fig. 2-6 FT-IR spectrum of montmorillonite

4.热学特性分析

由图 2-7 可知,蒙脱石热重曲线表现为 3 个特征吸热谷及 2 个特征放热峰,其中:①在低于 300℃ 区间的失重主要为矿物表面吸附水、分子层间水和自由水的吸热逸出,对应的热失重为 5.47%。由于为钠基蒙脱石,因此在 300℃ 下呈现单一吸热谷(为 98.6℃);②在 550～750℃ 区间的失重主要为结构水(OH)逸出,这一阶段的质量损失为 8.98%,第二个吸热谷出现在 634.0℃;③825～880℃ 区间是微量结晶水逸出的过程,第三个吸热谷出现在 870.0℃;④两个特征放热峰为 372.3℃ 和 753.0℃,分别为矿物中层间水逸出完毕而结晶水开始逸出阶段。

在200～700℃时DTG变化较为平缓,表明蒙脱石缓慢膨胀;700～800℃时DTG变化上升幅度较大,蒙脱石急剧膨胀(王鸿禧,1980)。

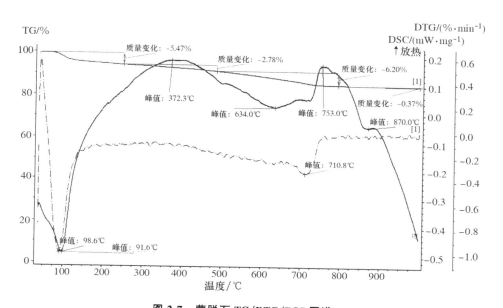

图2-7 蒙脱石TG/DTG/DSC图谱

Fig. 2-7 TG/DTG/DSC picture of montmorillonite

2.4.2 累托石

试验所用累托石来自于湖北名流累托石科技有限公司,矿样的表征及性能分析结果如下:

1. XRD物相分析

累托石原矿的XRD物相分析详见图2-8。从图中可知,累托石(001)面的d_{001}值为24.3743 Å,约等于钙蒙脱石层15 Å加伊利石层9.6 Å(双水层),因此该累托石主要是钙蒙脱石和伊利石按1∶1的规则混层矿物。由于其中d_{060}值为14.8475 Å,在14.8～15.1 Å范围内,因此该累托石为二八面体组成(江涛,1989)。另外,从XRD图中还可知累托石品位相当高,含量在90%以上,其主要伴生矿物为石英、长石、方解石、伊利石和绿泥石等。

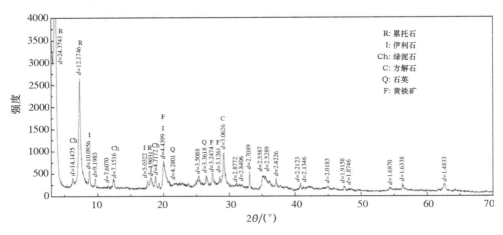

图 2-8　累托石矿 X-射线衍射分析图谱

Fig. 2-8　XRD pattern of rectorite

2. 微形貌特征

图 2-9 为累托石原矿 FESEM 图像。在低倍的 FESEM 图中可以发现累托石具有片状和针棒状/管状两种类型，且纯度较高，其中片状颗粒粒径大小为 1～20 μm，针棒状/管状颗粒长为 0.5～10 μm、直径为几十至几百纳米；在高倍镜下可见边缘呈卷曲状的片体，片体厚度薄而均匀。将之与高倍镜下蒙脱石（如

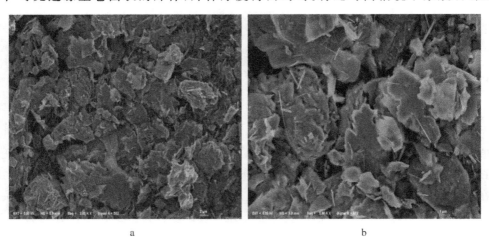

图 2-9　累托石场发射扫描电镜形貌图

Fig. 2-9　FESEM images of rectorite（a. ×2000，b. ×5000，c. ×20000，d. ×50000）

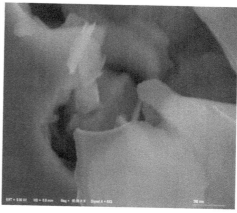

c   d

续图 2-9

图 2-5-c、图 2-5-d 所示）比较,层状结构的累托石片状结构更明显,表面平整,且结构更为松散,颗粒集合体边部呈卷曲状。

3.红外光谱特征(FT-IR)分析

图 2-10 为累托石原矿的傅立叶变换红外光谱图。图中可分析出累托石主要官能团吸收振动特征(杨雅秀,1994;吴瑾光 1994;杨南如,2000;闻辂,1989;彭文世,1982):

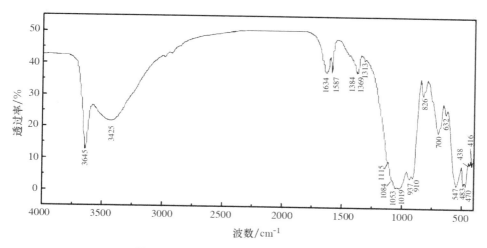

图 2-10　累托石傅立叶变换红外光谱图

Fig. 2-10　FT-IR spectrum of rectorite

(1)高频区　波数为 3645 cm^{-1} 处为 Al—OH 引起的伸缩振动特征吸收峰；3425 cm^{-1} 处为水分子中羟基的对称伸缩振动特征吸收峰。

(2)中频区　1634 cm^{-1} 为矿物中层间水分子的 H—O—H 弯曲振动特征吸收峰；1587 cm^{-1} 为方解石中 CO$_3^{2-}$ 弯曲振动引起的特征吸收峰；1115 cm^{-1}、1084 cm^{-1}、1053 cm^{-1} 和 1019 cm^{-1} 处为累托石由 Si—O—Si 伸缩振动引起的 4 个特征吸收峰，这 4 个峰的清晰识别表明累托石具有良好的有序度；934 cm^{-1} 和 910 cm^{-1} 分别对应两种分层（伊利石层和蒙脱石层）中的 Al—OH—Al 弯曲振动特征吸收峰；826 cm^{-1} 为 Fe—OH—Fe 中羟基的弯曲振动形成的特征吸收峰。

(3)低频区　700 cm^{-1} 为 Si—O—Al 的伸缩振动特征吸收峰；累托石类矿物一般在 600～400 cm^{-1} 存在两个强度近于相等的强带，而红外光谱中在 547 cm^{-1} 附近的 Si—O—Al$_{VI}$ 弯曲振动带和 470～483 cm^{-1} 的 Si—O 弯曲振动带恰好与该结论相符合，表现出 2:1 二八面体层状硅酸盐矿物的典型光谱特征；438 cm^{-1} 和 416 cm^{-1} 两个谱带分别对应累托石中蒙脱石层和伊利石层的 Si—O 弯曲振动，而两个谱带的强度相当，表明各成分层的数量相当且排布具有一定的规则性。

4.热学特性分析

由图 2-11 可知，由于累托石中的蒙脱石层为钙基蒙脱石，因此在 300℃ 以下的

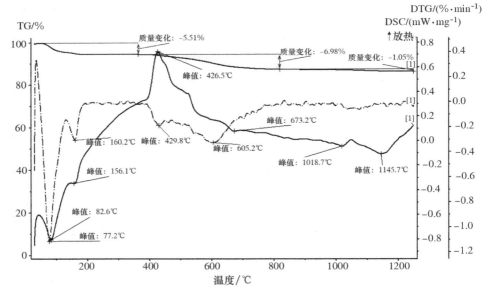

图 2-11　累托石 TG/DTG/DSC 分析图

Fig. 2-11　TG/DTG/DSC picture of rectorite

低温区域,呈现一大一小两个吸热谷,分别为 82.6℃和 156.1℃(江涛,1989;姜桂兰,2005),这一阶段热失重约为 5.51%;在 500～750℃的中温区域,显现出一个吸热谷(673.2℃),为脱膨胀层的结构水(OH)所致;在 970～1080℃的高温区域范围内,出现一个吸热谷(1018.7℃)和一个放热峰(1049.9℃),其中的吸热谷是累托石结构分解所致,而放热峰是形成莫来石新相引起的。

在 DTG 分析中可知,失重反应主要体现在温度从室温升到 800℃的过程中,反映为低温脱水阶段(＜300℃)和中温脱羟基阶段(300～800℃)。之后的温度区间 800～1250℃无失重反应。

2.4.3 偏高岭石

试验所用偏高岭石来自于湖北恩施市金山偏高岭土有限责任公司,其表征分析结果如下:

1. XRD 物相分析

偏高岭石原矿的 XRD 物相分析(详见图 2-12)图谱中无明显的特征衍射峰出现,为非晶态无定型硅酸盐物质。是由煤系高岭土经 750～1000℃煅烧而成的,煅烧使高岭土中有机物挥发,表面吸附水、层间水及部分结构水逸出,导致高岭石结晶度改变,形成众多晶体缺陷,这些晶体缺陷区域是高能活化区,具有高化学活性(王美荣,2010;江棪,2003)。

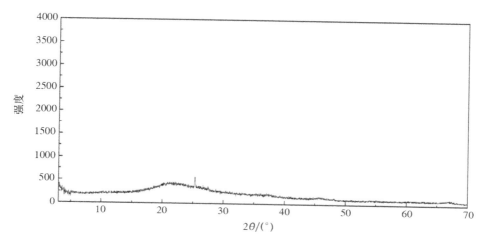

图 2-12 偏高岭石 X-射线衍射分析图谱

Fig. 2-12 XRD pattern of metakaolin

2.微形貌特征

图 2-13 为偏高岭石的 FESEM 图像。由图可知,偏高岭石的颗粒粒径分布均一,单体粒径为 0.5～5 μm,厚度为几十纳米,为纳米层状矿物。在高倍镜下,颗粒呈片状,偶尔可见具有高岭石六边形片状晶型假象的颗粒。

图 2-13 偏高岭石场发射扫描电子显微镜形貌图

Fig. 2-13 FESEM images of metakaolin

（a.×2000，b.×5000，c.×20000，d.×50000）

3.红外光谱特征(FT-IR)分析

由于偏高岭石为无定型硅酸盐物质。因此在傅立叶红外光谱图(如图 2-14 所示)并未出现煤系高岭土的特征吸收峰,而表现出一些特有的官能团特征吸收峰。其结果基本与吴敏等所作出的标准图谱相吻合(吴敏,2012)：

（1）高频区　仅出现波数为 3419 cm^{-1} 的峰主要为偏高岭石中水分子的羟基对称伸缩振动特征吸收峰。而未出现两个高岭石的强吸收峰，即为 3696 cm^{-1} 表面羟基伸缩振动和 3624 cm^{-1} 四面体与八面体片间内部羟基振动引起的特征吸收峰，这与 XRD 图谱中的结论相吻合。

（2）中频区　1635 cm^{-1} 处为层间水分子的 H—O—H 弯曲振动特征吸收峰；1580 cm^{-1} 处为矿样中碳酸盐类矿物的特征吸收峰；1095 cm^{-1} 处为 Si—O—Si 非对称伸缩振动引起的特征吸收峰；804 cm^{-1} 处为 Si—O—Si 对称伸缩振动引起的特征吸收峰。

（3）低频区　470 cm^{-1} 处为高岭石结构中 O—Si—O 键的弯曲振动引起的特征吸收峰。

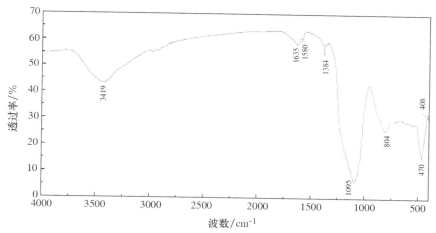

图 2-14　偏高岭石傅立叶变换红外光谱图
Fig. 2-14　FT-IR spectrum of metakaolin

2.4.4　石墨

本次试验所用石墨的表征及性能分析结果如下：

1. XRD 物相分析

试验所用石墨来自于黑龙江鸡西市某矿场，其原矿及膨胀改性后的 XRD 图谱详见图 2-15。

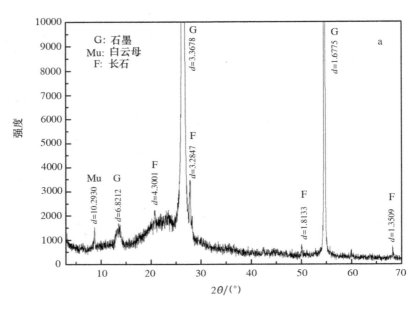

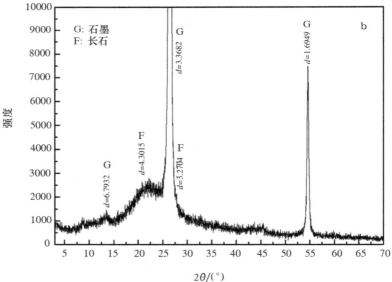

图 2-15　石墨/膨胀石墨 X-射线衍射分析图谱

（a 为石墨；b、c 为膨胀石墨，其中 b 的 2θ 角为 $3°\sim70°$，c 的 2θ 角为 $0.5°\sim3°$）

Fig. 2-15　XRD pattern of graphite & expanded graphite

（a is graphite；b & c are expanded graphite）

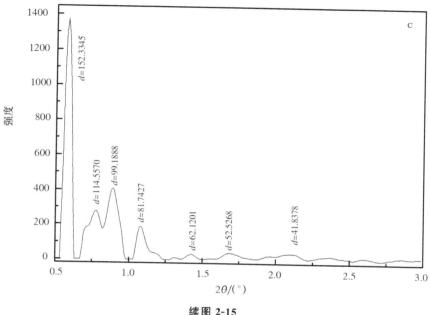

续图 2-15

由图 2-15-a 可知,所测石墨样品纯度高,固定碳含量大于 98%,可见少量的白云母和长石等伴生矿物。且沿 [001] 定向发育,择优取向明显,故在 XRD 图中呈现 $d_{002}=3.3678$ Å(强度值约为 230000)和 $d_{004}=1.6775$ Å(强度值约为 25000)两个极强峰。缩小纵坐标的范围后,显示出石墨(001)面的特征峰 $d_{001}=6.8212$ Å。

由图 2-15-b 可知,石墨经过膨胀改性后,白云母及长石等伴生矿物的特征峰强度明显减弱;另外,从膨胀石墨 XRD 小角度(0.5°~3°)衍射线(如图 2-15-c 所示)分析可知,发现石墨的层间距由 0.68212 nm 被撑大到 15.23345 nm,是天然石墨层间距的 22.33251 倍。为量化描述改性膨胀石墨的膨胀特性参数提供了有效的表征方法。

综合图 2-15 的 3 幅图分析表明,膨胀后的石墨沿 c 轴层间域明显增大,则石墨的层间孔道效应增强。

2. 微形貌特征

图 2-16 为石墨原矿和膨胀石墨的扫描电子显微镜图。从中可知,待测的石墨样品呈现片状结构,单体片状直径为 +100 μm,且呈广泛性分布。

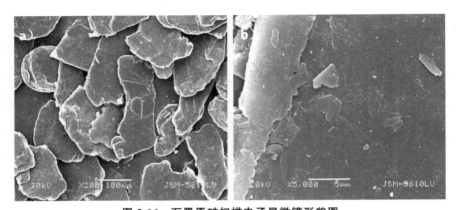

图 2-16　石墨原矿扫描电子显微镜形貌图

Fig. 2-16　The crude of graphite's SEM images（a：×200，b：×5000）

3. 热学特性分析

　　鳞片石墨的热学特性分析详见图 2-17。由图可知,待测石墨的纯度较高,在 500℃以下时,仅出现一个脱水的吸热谷,TG、DTG 两条曲线变化较为平缓,且质量变化不到 1%;另外,从图中还可知,石墨的中低温热稳定性极佳,在 700℃以下,质量变化较小,而在吸热谷 724.3℃以上,质量下降较为迅速,主要为 C 被氧化生成 CO_2 排放至空气中所致(潘兆橹,1993)。

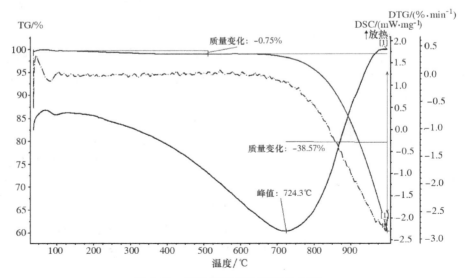

图 2-17　石墨 TG/DTG/DSC 分析图

Fig. 2-17　TG/DTG/DSC picture of graphite

2.5　本章小结

利用 X 射线衍射(XRD)、场发射扫描电子显微镜(FESEM)、扫描电子显微镜(SEM)、傅立叶变换红外光谱(FT-IR)及热分析(TG/DTG/DSC)等方法对 4 种基材矿物(蒙脱石、累托石、偏高岭石、石墨)进行表征,旨在分析这些基材矿物的物相组成、晶体结构、微形貌特征及物化特性,为研究黏土基多孔颗粒材料,改性和优化提高矿物材料的吸附效率提供理论依据和技术支持。

(1)蒙脱石　主要矿物组成为二八面体形钠蒙脱石,其 d_{001} 值为 1.26176 nm,呈他形-半自形细鳞片状集合体,且颗粒大小均匀,片体边缘呈卷曲状,粒径为 1～20 μm,片体厚度薄而均匀,含量在 85% 以上。伴生少量石英、长石、伊利石、方解石、方石英、赤铁矿和黄铁矿等矿物。FT-IR 图谱显示蒙脱石中出现 Si—O、Fe—OH—Fe、Al—OH—Fe、Al—OH—Al、Si—O—Al 等主要基团的特征吸收峰。蒙脱石热重曲线表现为 3 个特征吸热谷及 2 个特征放热峰,呈现"S"形变化曲线:①第一个吸热谷出现在 98.6℃,为矿物中表面吸附水、分子层间水和自由水的吸热逸出;②第二个吸热谷出现在 634.0℃,为结构水(OH)逸出所致;③第三个吸热谷出现在 870.0℃,晶体结构彻底被破坏;④ 两个特征放热峰为 372.3℃ 和 753.0℃,分别对应于矿物中的层间水基本逸出完毕而结晶水开始逸出阶段和基本脱水完毕阶段。在 200～700℃时,DTG 变化较为平缓,蒙脱石缓慢膨胀;700～800℃时,DTG 变化上升幅度较大,蒙脱石急剧膨胀。

(2)累托石　主要为钙蒙脱石层与伊利石层按 1∶1 规则叠加而成的二八面体型矿物晶体,其 d_{001} 值为 24.3743 Å,可见长为 0.5～10 μm、直径为几十至几百纳米的针棒状/管状颗粒,片体边缘呈卷曲状,含量在 90% 以上。主要伴生矿物为石英、长石、方解石、伊利石和绿泥石等。FT-IR 图谱显示累托石中出现 Si—O、Si—O—Si、Al—OH、Al—OH—Al、Si—O—Al 等主要基团的特征吸收峰。TG/DTG/DSC 分析,累托石表现出如下特征:①在 300℃ 以下的低温区域,呈现一大一小两个吸热谷,分别为 82.6℃ 和 156.1℃,为钙基蒙脱石特征值;②在 500～750℃ 的中温区域,显现出一个吸热谷(673.2℃),为脱膨胀层的结构水(OH)所致;③在 970～1080℃ 的高温区域,出现一个吸热谷(1018.7℃)和一个放热峰(1049.9℃),其中的吸热谷是累托石结构分解所致,而放热峰是形成莫来石新相引起的。失重反应主要体现在温度从室温升到 800℃ 的过程中,反映为低温脱水阶段(<300℃)和中温脱羟基阶段(300～800℃)。之后的温度区间 800～1250℃ 无失重反应。

(3)偏高岭石　矿物单体颗粒呈片状,粒径范围为 $0.5\sim5\ \mu m$,厚度为几十纳米,另含有少量具有六边形片状晶型假象的高岭石颗粒。FT-IR 图谱显示累托石中出现 Si—O、Si—O—Si 等主要基团的特征吸收峰。XRD 分析时无特征峰出现,为非晶态无定型硅酸盐物质,表面界面具有显著的晶体缺陷形成高能活化区,为吸附染料分子奠定了良好的化学活性。

(4)石墨　XRD 分析,石墨(001)面的特征峰 $d_{001}=6.8212\ Å$,固定碳含量在 98% 以上,单体片状直径为 $100\sim500\ \mu m$,且呈广泛性分布,伴生少量白云母及长石等矿物。经插层、膨胀改性后,发现石墨的层间距被急剧撑大,在 152 Å 附近有一明显衍射峰,且白云母及长石等伴生矿物的特征峰强度明显减弱。TG/DTG/DSC 分析,在 500℃ 以下时,仅出现一个脱水的吸热谷,TG、DTG 两条曲线变化较为平缓;在 700℃ 以下,石墨质量变化较小,而在 724.3℃ 以上,质量迅速下降,主要是被氧化生成 CO_2 逸出所致。

第3章 黏土基多孔颗粒材料制备及表征

矿物吸附材料重要的研究内容就是特性组合及相互作用产生的宏观与微观效应。如何达到高效吸附并且在循环使用过程中保持良好的吸附特性和化学活性是本书探讨的两个关键问题,也是该领域世界前沿研究课题中讨论的焦点问题。

本章在课题组前期研究的基础上(郑水林,2007;雷绍民,2013),结合我国非金属矿产资源的特点,选择几种吸附能力较强的天然矿物(如蒙脱石、累托石、偏高岭石)或纯化改性产物(如膨胀石墨)为基体,采用不同方法制备了 4 种黏土基多孔颗粒材料,分别为 SMA、SMA-V、SMA-N 及 SMA-HT。其中 SMA 为富氧气氛焙烧的黏土基多孔颗粒材料,SMA-V 为缺氧气氛(或真空气氛,真空度为 0.01 Pa)焙烧的黏土基多孔颗粒材料,SMA-N 为无氧气氛(或氮气气氛)焙烧的黏土基多孔颗粒材料,SMA-HT 为水热改性的黏土基多孔颗粒材料。利用 TG/DTG/DSC、FT-IR、SEM、BET 等分析技术对各种吸附剂进行了特性表征。

3.1 试验主要试剂及仪器

3.1.1 主要试剂

本章中所涉及的主要试剂如表 3-1 所示。

表 3-1 主要试剂
Table 3-1 The main reagents used in experiments

药品名称	化学式	纯度	生产厂家
高氯酸	$HClO_4$	分析纯	国药集团化学试剂有限公司
高锰酸钾	$KMnO_4$	分析纯	国药集团化学试剂有限公司

续表 3-1

药品名称	化学式	纯度	生产厂家
盐酸	HCl	分析纯	天津广成化学试剂有限公司
氢氧化钠	NaOH	分析纯	国药集团化学试剂有限公司
羧甲基纤维素钠 (CMC-Na)	$C_8H_{16}NaO_8$	分析纯	河南安力精细化工有限公司
去离子水	H_2O	—	实验室自制

3.1.2 主要仪器及设备

本章中所用的主要仪器、设备详见表 3-2。

表 3-2 试验仪器和设备

Table 3-2 Instruments and equipments used in experiments

仪器设备名称	型号	生产厂家
三头研磨机	RK/XPM	武汉洛克粉磨设备制造有限公司
标准检验筛	100～200 目	浙江上虞市金鼎标准筛具厂
标准振筛机	RK/ZS-Φ200	武汉洛克粉磨设备制造有限公司
远红外鼓风干燥箱	SC101-Y	浙江省嘉兴市电热仪器厂
马弗炉	SRJX-4-13	沈阳市长城工业电炉厂
电子天平	FA2004	上海精科天平
超声波清洗器	SK250-H	上海科导超声仪器有限公司
pH 计	PHS-3D	上海智光仪器仪表有限公司
空气浴振荡器	HZQ-C	哈尔滨市东联电子技术开发有限公司
高速离心机	LXJ-IIB	上海安亭科学仪器厂
傅立叶变换红外光谱仪	IS-10	美国 Nicolet 公司
双模具中药制丸机	ZW09X-Z	广州雷迈机械设备有限公司
转靶 X 射线衍射仪	RU-200B/D/MAX-RB	日本理学
扫描电子显微镜	JSM-5610LV	日本电子株式会社
全自动比表面积及孔隙度分析仪	ASAP 2020M	美国麦克
场发射扫描电子显微镜	Zeiss Ultra Plus	德国蔡司

3.2　测试方法

3.2.1　孔隙率

本章主要采用浸泡介质法(刘欣,2010),测定黏土基多孔颗粒材料的孔隙率。主要步骤为:①取黏土基多孔颗粒材料若干粒,用万分之一分析天平(以下称量数据均在同一天平中得到)称其在空气中的重量,记为 $m_1(g)$;②用去离子水浸泡黏土基多孔颗粒材料一段时间至其吸水饱和,后取出并用滤纸拭去表面水分,再称其在空气中的重量,记为 $m_2(g)$;③将饱含去离子水的黏土基多孔颗粒材料试样置于吊具上浸入内盛大量去离子水工作液体的容器中称量,此时的总质量为 $m_3(g)$;④记录第 3 步试样添加前容器(内含大量去离子水和吊具)的总质量,为 $m_4(g)$。由此可由式(3-1)计算出黏土基多孔颗粒材料的孔隙率(θ)为:

$$\theta = \frac{m_2 - m_1}{m_3 - m_4} \times 100\% \tag{3-1}$$

3.2.2　散失率

关于散失率的测量步骤(孙秀云,2003)为:①称取一定量的黏土基多孔颗粒材料若干粒,记为 $M_1(g)$;②将 $M_1(g)$ 吸附材料置于内含 20 mL 去离子水的具塞锥形瓶($V=100$ mL)中,在室温(25℃)条件下,110 r•min^{-1} 振荡频率的空气浴振荡器中工作 1 h;③用去离子水小心冲洗颗粒吸附材料表面,而后将其置于 80℃烘箱中烘干 2 h 以上,再调节烘箱温度为 105℃使黏土基多孔颗粒材料烘干至恒重,冷却至室温后称重,记为 $M_2(g)$,则散失率(P)计算式如式(3-2)所示:

$$P = \frac{M_1 - M_2}{M_1} \times 100\% \tag{3-2}$$

3.2.3　烧失量

将黏土基多孔颗粒材料在 110℃条件下烘干至恒重,而后将其在 1000℃条件下灼烧后冷却称重并计算出失去的重量百分比即为烧失量(Ψ_{LOI}),其计算公式如式(3-3)所示:

$$\Psi_{LOI} = \frac{m_0 - m_1}{m_0} \times 100\% \tag{3-3}$$

式中，$\varPsi_{LOI}$ 为烧失量的质量百分数；m_0 为样品灼烧前重量，g；m_1 为样品灼烧后重量，g。

3.3　分析方法

本章所用到的分析方法主要为：扫描电子显微镜（SEM）、傅立叶变换红外光谱（FT-IR）及 BET 等，其中前两种分析方法详见第 2 章 2.3 部分。BET 分析具体介绍如下：

BET 分析是 BET 比表面积测试法的简称，该方法是依据著名的 BET 理论为基础而得名的。BET 是 3 位科学家（Brunauer、Emmett 和 Teller）的首字母缩写，3 位科学家从经典统计理论推导出的多分子层吸附公式基础上，即著名的 BET 方程，成为颗粒表面吸附科学的理论基础，并被广泛应用于颗粒表面吸附性能研究及相关检测仪器的数据处理中。

BET 比表面积测试可用于测量颗粒的比表面积、孔容、孔径分布以及氮气吸附脱附曲线。对于研究黏土基多孔颗粒材料的性质有重要作用。

采用武汉理工大学材料研究与测试中心的美国麦克公司生产的 ASAP 2020M 型全自动比表面积及孔隙度分析仪进行测试分析。

3.4　单因素矿物颗粒材料制备及其影响分析

3.4.1　蒙脱石造粒

将粉末状蒙脱石精矿与一定量的黏结剂（CMC）混合，加一定量的去离子水搅拌，造粒（ϕ8 mm），烘干，固定升温速率为 200℃/h，保温时间为 2 h，获得具有一定机械强度的蒙脱石颗粒材料，再对其进行孔隙率和散失率的测定，考察不同焙烧温度对蒙脱石基颗粒材料孔隙率和散失率的影响。结果详见图 3-1 和表 3-3。

由图 3-1 及表 3-3 可知：①蒙脱石颗粒材料具有发育的孔道结构，孔隙率高；②在焙烧温度为 700～900℃时孔隙率变化不大；当焙烧温度达到 1000℃时，孔隙率下降幅度较大，这主要是由于温度高于 870℃时，蒙脱石出现第三个吸热谷（详见本书第 2 章第 2.4.1 节），造成蒙脱石层间坍塌、层间距缩小，从而导致其散失率下降幅度陡增；③由于蒙脱石精矿极细，当焙烧温度不够时，难以焙烧成结，600℃焙烧后产生碎裂，无法测定散失率。从孔隙率和散失率综合来看，对蒙脱石而言，焙烧温度以 600～900℃为宜。

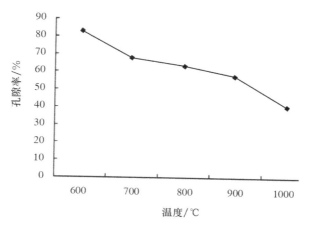

图 3-1　不同焙烧温度对蒙脱石颗粒材料孔隙率的影响曲线

Fig. 3-1　Effective curve of poriness of different temperature for
montmorillonite-based granulation material

表 3-3　不同焙烧温度对蒙脱石散失率的影响

Table 3-3　Experimental results of dissipation of different temperature for Diatomite

焙烧温度/℃	600	700	800	900	1000
散失率/%	—	10.87	9.63	8.94	6.01

3.4.2　累托石造粒

将累托石原矿研磨成 200 目的粉末状样品,与一定量的黏结剂(CMC)混合,加一定量的去离子水搅拌,造粒(ϕ8 mm),烘干,固定升温速率为 200℃/h,保温时间为 2 h,获得具有一定机械强度的累脱石颗粒材料,再对其进行孔隙率和散失率的测定,考察不同焙烧温度对累脱石基颗粒材料孔隙率和散失率的影响。结果详见图 3-2 和表 3-4。

由图 3-2 和表 3-4 可以看出,随着焙烧温度增加,颗粒材料的孔隙率和散失率均有不同程度地减小。①就孔隙率而言,当焙烧温度从 600℃ 提升到 800℃ 时,颗粒材料的孔隙率降低幅度较小,每 100℃ 下降约 5.62 个百分点,但当焙烧温度达到 900℃ 时,孔隙率下降幅度陡增,每百摄氏度下降约 10 个百分点。究其原因,主要是因为当焙烧温度超过 800℃ 时颗粒材料中的累托石骨架结构发生部分坍塌,或者是产生熔融状的铝硅酸盐矿物堵塞部分孔隙结构(详见本书第 2 章第 2.4.2 节),从而大量地减少了颗粒材料的开口孔体积,以致当焙烧温度达到

1000℃时,其孔隙率变化也不大;②就散失率而言,随着焙烧温度升高,铝硅酸盐的烧结作用逐渐占据主导地位,且机械强度逐渐上升,因而其散失率缓慢降低。

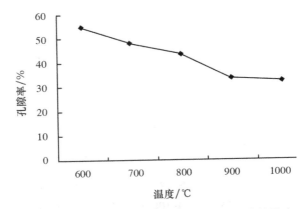

图 3-2　焙烧温度对累托石颗粒材料孔隙率的影响

Fig. 3-2　Effective curve of poriness of different temperature for rectorite-based granulation material

表 3-4　焙烧温度对颗粒材料散失率的影响

Table 3-4　Experimental results of dissipation of different temperature for rectorite-based granulation material

焙烧温度/℃	600	700	800	900	1000
散失率/%	7.03	6.76	6.57	6.45	6.33

因此,综合焙烧温度对以累托石为主的颗粒材料孔隙率和散失率的影响分析,800℃的焙烧温度较为理想。

3.4.3　偏高岭石造粒

将偏高岭石研磨成 200 目的粉末状样品,与一定量的黏结剂(CMC)混合,加一定量的去离子水搅拌,造粒(ϕ 8 mm),烘干,固定升温速率为 200℃/h,保温时间为 2 h,获得具有一定机械强度的偏高岭石颗粒材料,再对其进行孔隙率和散失率的测定,考察不同焙烧温度对偏高岭石基颗粒材料孔隙率和散失率的影响。结果详见图 3-3 和表 3-5。

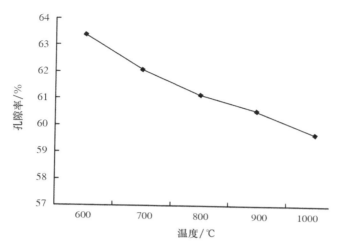

图 3-3　不同焙烧温度对偏高岭石颗粒材料孔隙率的影响曲线
Fig. 3-3　Effective curve of poriness of different temperature for
metakaolin-based granulation material

表 3-5　不同焙烧温度对偏高岭石颗粒材料散失率的影响
Table 3-5　Experimental results of dissipation of different temperature
for metakaolin-based granulation material

焙烧温度/℃	600	700	800	900	1000
散失率/%	8.58	8.14	7.78	7.69	7.66

由图 3-3 及表 3-5 可以看出：①焙烧温度对偏高岭石颗粒材料孔隙率的影响不大。虽然随温度升高，孔隙率有所下降，但下降幅度不大，在试验温度下（600～1000℃），每 100℃ 下降约 0.9 个百分点；②焙烧温度对偏高岭石颗粒材料散失率的影响亦不大。以高于 700℃ 作为造粒焙烧温度较宜。

3.4.4　石墨的活化处理

鳞片状石墨经氧化后，可在石墨层间插入一层化合物，经水洗、低温（小于60℃）干燥后，可在高温（900℃）下瞬间膨胀，得到比表面积巨大的蠕虫状膨胀石墨。由于膨胀后的石墨具有巨大的比表面积和高的表面活性，吸附性能极好。具体活化步骤如下：

（1）称取一定量的组分 D 于具塞三口烧瓶中，按一定比例加入强氧化剂高锰酸钾和强酸高氯酸，封好瓶口后混匀并静置 3 h，使其充分氧化，用去离子水将过

剩的酸洗净,至 pH 为 5～6,过滤后于 58℃ 烘干(24 h 以上);

(2)将马弗炉温度升至 900℃,再将烘干后的插层石墨置于其中 10 s 后轻轻取出,即得到膨胀容积为 600 mL·g⁻¹ 的膨胀石墨(图 3-4)。

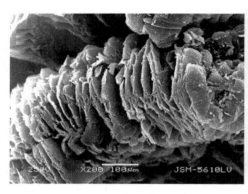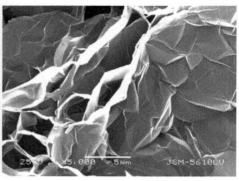

a   b

图 3-4　膨胀石墨扫描电子显微镜形貌图

Fig. 3-4　Expanded graphite's SEM images（a. ×200，b. ×5000）

图 3-4 为石墨膨胀改性后的扫描电镜图,从中可知石墨插层较为成功,石墨膨胀效果显著,单体从理想状态下的亚纳米级层间距撑大至微米级及纳米级,且在高倍镜下可以发现明显的微米级蜂窝状孔道。由于膨胀石墨非常轻,比表面积巨大,吸附效果非常好,但难以单独制备成颗粒状,所以需要作为增加吸附效果的添加剂添加到复合材料中。

综合考虑几种矿物单独造粒的影响,多矿物复合造粒温度以 800℃ 为宜。

3.5　黏土基多孔颗粒材料的制备

通过前期大量的单因素及正交试验(张世春,2014),并结合 XRD 及 FT-IR 分析等,得出 4 种黏土基多孔颗粒材料 SMA、SMA-N、SMA-V 及 SMA-HT 的最佳配比及最佳工艺条件如下:

3.5.1　富氧焙烧制备 SMA

将蒙脱石、累托石、偏高岭石、膨胀石墨及黏结剂(CMC-Na)按质量比为 25:40:40:20:18 的比例混合均匀,再添加去离子水造粒(φ 8 mm),于 80℃烘箱中干燥 8 h,而后再将温度升高至 105℃ 干燥至恒重,富氧气氛下调节升温速度为

$200℃\cdot h^{-1}$,焙烧温度为 800℃,焙烧 4 h 即制得 SMA 备用。

3.5.2 缺氧/无氧焙烧制备 SMA-V/SMA-N

利用 SMA 的造粒方法及成型工艺制备颗粒材料,仅将富氧焙烧气氛改为缺氧气氛(真空气氛,真空度为 0.01 Pa)及无氧气氛(氮气气氛),制备得到成型样品分别为 SMA-V 及 SMA-N。

3.5.3 水热改性-富氧焙烧制备 SMA-HT

SMA-HT 的制备分为两步,第一步为基材矿物的水热改性,第二步是利用水热改性产物与膨胀石墨、CMC-Na 按一定的比例混合造粒、成型。具体步骤如下:

1.基材矿物的水热改性

依照 SMA 的矿物复合比例,将蒙脱石、累托石及偏高岭石 3 种基材矿物原料,按质量比为 5:8:8 的配比与去离子水按 1:20 的比例混合搅拌 10 min,再放入 100 mL 聚四氟乙烯内胆的水热反应釜中于 150℃温度下反应 2 h 后取出并烘干、细磨至 0.074 μm,即制备得到水热改性粉体混合物料。其中水热改性工艺影响因素研究下面详述:

2.SMA-HT 造粒及成型

将水热改性粉体混合物料与膨胀石墨及 CMC-Na 按质量比为 105:20:18 的比例均匀混合,再添加去离子水造粒(ϕ 8 mm),富氧气氛下调节升温速度为 $200℃\cdot h^{-1}$,焙烧温度为 800℃,焙烧 4 h 即制得 SMA-HT 备用。

3.水热改性工艺影响因素分析

(1)改性温度 设计固液比为 1:5,反应时间为 5 h,改变水热改性温度分别为 100℃、150℃、200℃、250℃,而后将水热改性产物与膨胀石墨、CMC-Na 等按一定比例混合、造粒,得到 SMA-HT 用于吸附 MG 阳离子染料,以考察水热改性温度对黏土基多孔颗粒材料吸附阳离子染料性能的影响。

吸附试验条件为:吸附剂用量为 2.0 $g\cdot L^{-1}$;恒温 35℃;空气浴摇床振荡频率为 110 $r\cdot min^{-1}$;MG 染料浓度为 500 $mg\cdot L^{-1}$(pH 3.69);染料废水体积为 100 mL;反应容器为 250 mL 锥形瓶;取样时间间隔为 10 min。

图 3-5 为水热改性温度对 SMA-HT 吸附 MG 效率的影响分析。从图中可知,水热改性后 SMA-HT 对 MG 吸附效率明显高于未改性处理的效果。说明水热改性有利于黏土基多孔颗粒材料吸附净化水体中的 MG。另外,图中还可知,改性温度为 200℃时,SMA-HT 吸附 MG 效果不稳定;250℃时,SMA-HT 吸附 MG 效率

明显下降。吸附效率最高的是改性温度为 150℃时得到的 SMA-HT,其吸附 MG 1 h 时的吸附量可高达 128.5 mg•g^{-1}。

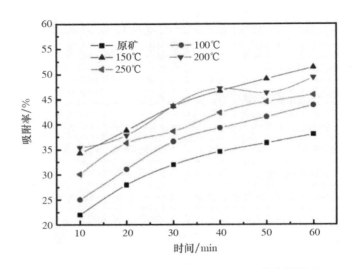

图 3-5   水热改性温度对 SMA-HT 吸附 MG 效率的影响

Fig. 3-5   Influence of adsorption MG efficiency on the temperature of hydro-thermal for mineral modifying

基于吸附效率随改性温度上升,先上升后下降的试验结果,与高温高压对基材矿物结构的作用是分不开的。水热反应釜中温度与饱和蒸汽压关系参见表 3-6,从表中可知,随着水热改性温度升高,水热反应釜内饱和蒸汽压呈几何级数上升。当温度≤150℃时,随着体系中温度升高,水化膨胀作用不断加强,使黏土基多孔颗粒材料层状结构的层间距增大(具体分析详见本章 3.6.4 部分),从而增大 SMA-HT 的吸附性能;然而当温度逐渐上升,超过 200℃时,基材矿物膨胀过程急剧发生,导致矿物内外表面的孔道坍塌(毛惠,2013),吸附通道阻塞,活性吸附位点随之急剧减少,这是造成吸附效率下降的直接原因之一。

表 3-6   温度与饱和蒸汽压对照表

Table 3-6   Cross-references between temperature and saturated vapor pressure

温度/℃	100	150	200	250
饱和蒸汽压/ 10^3 Pa	101.32	475.72	1553.60	3973.60

图 3-6 为不同水热法改性温度下制备得到的 SMA-HT 吸附 MG 前后的红外光谱对比图。从未吸附染料 SMA-HT 的 FT-IR 图中可看出,高频区:波数为

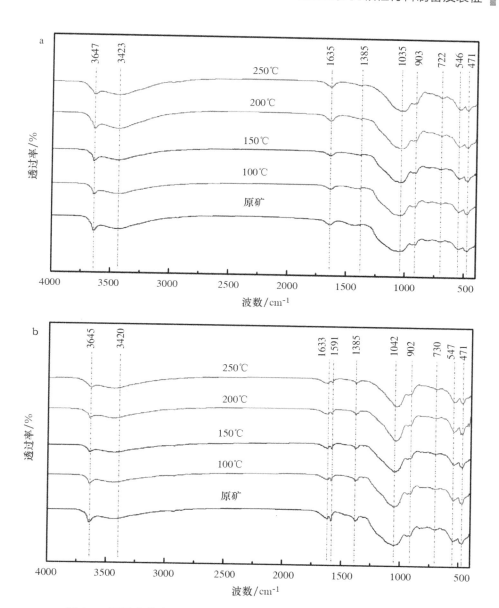

图 3-6 不同水热法改性温度制备出的 SMA-HT 吸附 MG 红外光谱图
（a. 吸附前；b. 吸附后）

Fig. 3-6 FT-IR spectra of adsorbed MG by SMA-HT with different temperature of hydro-thermal for mineral modifying（a. before adsorption；b. after adsorption）

3647 cm^{-1} 处对应的是蒙脱石中 Al—OH 引起的伸缩振动特征吸收峰或八面体高铁引起的 Fe—OH—Fe 的伸缩振动特征吸收峰;3423 cm^{-1} 对应的是层间水分子中羟基的对称伸缩振动特征吸收峰。中频区:1635 cm^{-1} 对应的是层间水分子 H—O—H 弯曲振动特征吸收峰;1035 cm^{-1} 对应的是蒙脱石的 Si—O—Si 伸缩振动特征吸收峰;903 cm^{-1} 对应的是蒙脱石类矿物中的 Al—OH—Al 弯曲振动特征吸收峰。低频区:722 cm^{-1} 对应的是方解石中 CO_3^{2-} 面内弯曲振动特征吸收峰;晶格弯曲振动带中 471 cm^{-1} 强度大于 546 cm^{-1} 的强度,说明 SMA—HT 系列样品中 Fe 的含量较高,这主要是因为前者对应的是 Si—O—Fe 特征吸收峰,而后者对应的是 Si—O—Mg 特征吸收峰。

另外,从两幅图对比中可以发现吸附 MG 后,SMA-HT 材料上具有明显的吸附 MG 的痕迹,图 3-6-b 中波数为 1591 cm^{-1}、1385 cm^{-1}、1170 cm^{-1} 附近的峰值及峰型均有所增强或变化,该 3 个吸收峰对应的是 MG 所特有的芳环骨架振动、Ar-N 键的伸缩振动和 Ar-C 键的伸缩振动所引起的特征吸收峰,说明对染料 MG 产生了化学吸附。

(2)改性时间　在前期试验的基础上,调节水热改性条件为:温度为 150℃;改性时间变量为 0.5 h、1 h、2 h、3 h、4 h、5 h。

吸附试验条件为:吸附剂用量为 2.0 g·L^{-1};恒温 35℃;空气浴摇床振荡频率为 110 r·min^{-1};MG 染料浓度为 500 mg·L^{-1}(pH 3.69);染料废水体积为 100 mL;反应容器为 250 mL 锥形瓶;取样时间间隔为 1 h。

图 3-7 为 150℃的水热改性温度下,考察水热改性时间变量对 SMA-HT 吸附

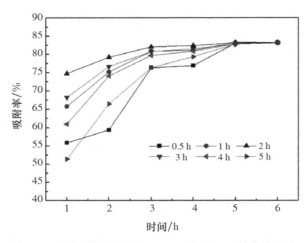

图 3-7　水热改性时间对 SMA-HT 吸附 MG 效率的影响

Fig. 3-7　Influence of adsorption efficiency on hydro-thermal time for SMA-HT adsorbing MG

MG 效率的影响。在吸附前期,随着改性时间增加,SMA-HT 对 MG 的吸附效率先上升后下降,当吸附至 5 h 后,SMA-HT 对 MG 的吸附效率趋于一致,说明水热改性时间不影响黏土基多孔颗粒材料的吸附容量,但影响阳离子染料的传质阻力。究其原因,主要是因为水热改性可在一定程度上撑大黏土基多孔颗粒材料的层间距,从而增大黏土基多孔颗粒材料的吸附性能,其中当水热改性时间由 0.5 h 延长到 2 h 时,达到平衡吸附量的时间缩短说明了这一点;而另一方面,随着水热改性时间的进一步延长,能量过剩严重,则高温水热反应可致使层状矿物晶体结构受到破坏甚而坍塌。当水热改性时间为 2 h 时,SMA-HT 吸附净化阳离子染料废水的效果最好。

图 3-8 为水热法改性时间变化时 SMA-HT 对 MG 吸附傅立叶变换红外光谱图。吸附染料后的 SMA-HT 红外光谱图(图 3-8-b)与吸附前的(图 3-8-a)相比较,可发现 1385 cm^{-1}、1590 cm^{-1} 两处波数附近出现明显吸收峰,系 MG 染料的两个特征吸收峰。说明 SMA-HT 对 MG 存在明显的化学吸附痕迹。

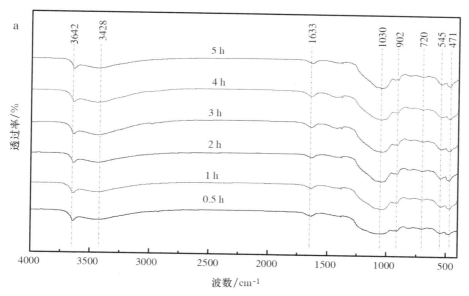

图 3-8   变化水热法改性时间制备出的 SMA-HT 吸附 MG 红外光谱图

(a. 吸附前;b. 吸附后)

Fig. 3-8   The FT-IR spectra of the SMA-HT by different time of hydro-thermal for mineral modifying

(a. before adsorption;b. after adsorption)

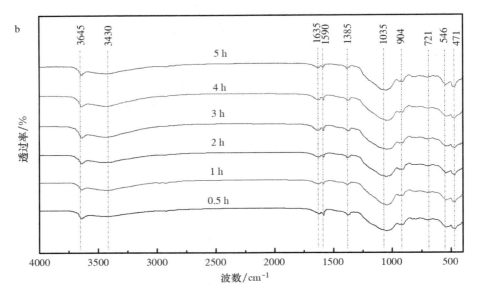

续图 3-8

（3）固液比 水热改性试验条件：调节固液比分别为 1∶2.5、1∶5、1∶10、1∶15、1∶20、1∶25；时间为 2 h；其余条件与"水热改性时间"部分相同。

吸附染料试验条件：吸附剂用量为 2.0 g·L^{-1}；恒温 35 ℃；空气浴摇床振荡频率为 110 r·min^{-1}；MG 染料浓度为 500 mg·L^{-1}（pH 3.69）；废水体积为 100 mL；反应容器为 250 mL 锥形瓶；取样时间间隔为 1 h。

从图 3-9 中可知，固液比对 SMA-HT 吸附 MG 的效率变化影响较为显著，当吸附时间为 1 h 时，SMA-HT 对 MG 的吸附几乎接近平衡。且随着水热改性体系中水与矿物原料的比值由 2.5 提升至 20 时，SMA-HT 对 MG 的吸附效率提升较为明显，但当比值进一步提升至 25 时，对 MG 的吸附效率反而下降，因此可确定水热改性制备 SMA-HT 过程中，固液比为 1∶20 时效果最佳。

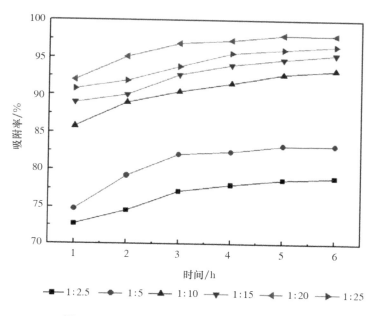

图 3-9　固液比对 SMA-HT 吸附 MG 效率的影响

Fig. 3-9　Influence of adsorption efficiency on liquid-solid ratio for SMA-HT absorbing MG

图 3-10 为改变固液比时 SMA-HT 吸附 MG 傅立叶变换红外光谱图。图 3-10-a 为未吸附染料的 SMA-HT 红外光谱图,在波数为 3645 cm^{-1}、912 cm^{-1} 附近的吸收峰,随着液体比例的增加而峰型变缓,其中 3647 cm^{-1} 对应的是膨润土中 Al—OH 引起的伸缩振动特征吸收峰或八面体高铁引起的 Fe—OH—Fe 的伸缩振动特征吸收峰;912 cm^{-1} 对应的是蒙脱石类矿物中的 Al—OH—Al 弯曲振动特征吸收峰,这极有可能是由于在高温高压体系中,有利于铝硅酸盐矿物中的 Al 元素溶解于水溶液,则随着用水量的增大,SMA-HT 的 Al 元素相对含量降低越显著。然而图 3-10-a 中红外光谱图显示,在波数为 795 cm^{-1} 附近的特征吸收峰,随着液体比例的增加而峰型凸显,该峰对应的是 MgAl—OH 伸缩振动吸收峰,可能是水热法改性时随着体系中用水量的增加,形成较强的水化离子导致 H—O—H…OHMgAl 氢键的减弱有关。将图 3-10-b 与图 3-10-a 对比研究发现,1592 cm^{-1} 和 1380 cm^{-1} 附近的吸收峰型有明显变化,分别对应的是 MG 染料中 C＝O 伸缩振动峰和 C—H 的对称弯曲振动吸收峰,表明 SMA-HT 表现出较强的吸附 MG 性能。

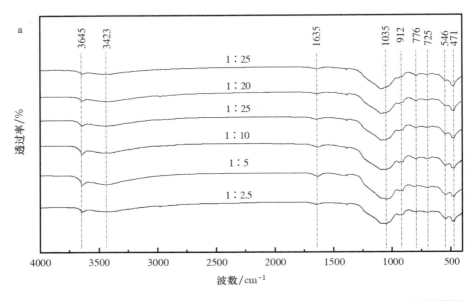

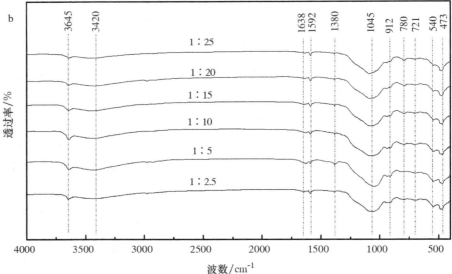

图 3-10　变化固液比时 SMA-HT 吸附 MG 红外光谱图

（a. 吸附前；b. 吸附后）

Fig. 3-10　FT-IR spectra of SMA-HT adsorption MG as change solid liquid ratio

（a. before adsorption；b. after adsorption）

3.6 黏土基多孔颗粒材料表征及吸附性能分析

3.6.1 特性吸附材料物理性能

表 3-7 为 SMA、SMA-N、SMA-V 及 SMA-HT 的相关物理性能分析,其中比表面积、孔容及微介孔平均孔径数据均来源于 BET 分析。从表中可知,4 种吸附剂的比表面积、孔容、孔隙率、散失率及烧失量 5 个因子呈正相关,且均具有多孔、低散失率及大比表面积等特点。微介孔分析显示平均孔径均在 16～27 nm,表明 4 种吸附剂是以介孔分布为主的多孔材料。

表 3-7 物理性能 BET 测试结果

Table 3-7 Results of physical characteristics for BET

吸附剂	比表面积 /(m²·g⁻¹)	孔容 /(cm³·g⁻¹)	微介孔平均孔径/nm	孔隙率 /%	散失率 /%	烧失量 /%
SMA	11.14	0.0615	22.0837	63.04	0.74	28.55
SMA-V	8.49	0.0353	16.6166	58.75	0.45	17.93
SMA-N	6.50	0.0349	21.4906	53.89	0.33	13.85
SMA-HT	18.64	0.1289	26.4947	69.54	2.58	29.39

3.6.2 孔径分布的变化

图 3-11 为 SMA、SMA-V、SMA-N、SMA-HT 4 种黏土基多孔颗粒材料利用美国麦克公司生产的 ASAP 2020M 型全自动比表面积及孔隙度分析仪进行测试分析得出的孔径分布图。从中可以发现:①SMA 与 SMA-HT 两种吸附剂样品存在多孔径分布情况,且在 2 nm 以下处呈现一定数量的孔径分布,说明黏土基多孔颗粒材料经水热改性后(SMA-HT)仍保留了原材料(SMA)中具有的微孔结构分布,两者均有利于吸附废水中的有机阳离子染料;②4 种黏土基多孔颗粒材料在 2～10 nm 附近均呈现一个尖锐的窄峰,尤以 SMA-HT 及 SMA-V 两者最为显著,其中 SMA-HT 在该峰处的分布范围最宽;而富氧气氛及无氧气氛焙烧得到的 SMA 及 SMA-N 孔径分布相似,即尖峰的强度小且介孔分布范围较广。

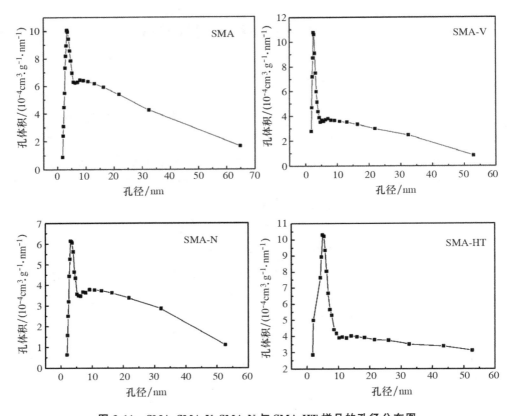

图 3-11　SMA、SMA-V、SMA-N 与 SMA-HT 样品的孔径分布图

Fig. 3-11　Pore size distribution plots for the samples of SMA, SMA-V, SMA-N and SMA-HT

3.6.3　氮气吸附-脱附等温线的变化

图 3-12 为 SMA、SMA-V、SMA-N、SMA-HT 4 种黏土基多孔颗粒材料利用美国麦克公司生产的 ASAP 2020M 型全自动比表面积及孔隙度分析仪进行测试分析得出的氮气吸附-脱附等温线图。从中可知,按照 IUPAC 分类(Sing,1985),4种黏土基多孔颗粒材料的 N_2 吸附-脱附等温线均为 IV 型,表明待测样品存在一定的介孔(孔径范围为 2～50 nm)及大孔(孔径大于 50 nm 的孔)(Gan,2012)。另外,4 种黏土基多孔颗粒材料样品在中高压区域均存在 H4 型回滞环,这主要与材料中铝硅酸盐或膨胀石墨等层状矿物堆积形成的狭缝型孔有关。由于 4 个样品回滞环在高压区的拐点位置基本相同,在低压区 SMA-V、SMA-N、SMA-HT 的拐点位置均较 SMA 提前(向低压区方向移动)。一方面说明缺氧或无氧焙烧时更有利

于介孔的形成,从而进一步说明可通过控制焙烧环境的氧气含量调控吸附材料中的介孔分布状况,制备高效的矿物吸附材料;另一方面说明水热改性有利于黏土基多孔颗粒材料介孔的形成,提高吸附性能。

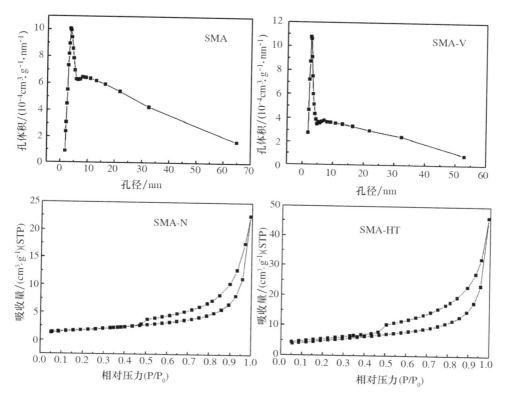

图 3-12　SMA、SMA-V、SMA-N 与 SMA-HT 样品的氮气吸附-脱附等温线图
Fig. 3-12　N₂ adsorption-desorption isotherms for the sample of SMA,
SMA-V, SMA-N and SMA-HT

3.6.4　物相组成及晶体结构变化

1.焙烧环境中氧气的影响

图 3-13 为 SMA、SMA-N、SMA-V 与其焙烧前的混合原料 XRD 对比图。从图中可知,富氧气氛焙烧得到的产物(SMA)中石墨所剩无几,而随着焙烧环境由富氧气氛向无氧气氛转变,焙烧产物中石墨剩余量逐渐升高。表明在氧气充足的环境下焙烧黏土基多孔颗粒材料,石墨被氧化逸出,只能起到造孔剂作用,因此

SMA 比表面积、孔容、微介孔平均孔径及孔隙率等均较 SMA-N、SMA-V 的大（详见表 3-7）。另外，从石墨热重分析图（图 2-17）中分析可知，当加热温度超过724.3℃时，石墨迅速被氧化生成 CO_2，这与潘兆橹等（1993）提出的石墨在加热到500℃以上时，极易被氧化，生成 CO_2 逸出的说法一致，而石墨经膨胀改性后，比表面积急剧增加，则在富氧气氛下焙烧更容易被氧化。

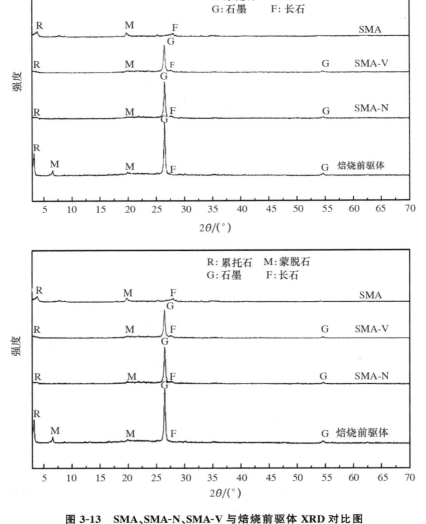

图 3-13　SMA、SMA-N、SMA-V 与焙烧前驱体 XRD 对比图

Fig. 3-13　Comparison spectra of SMA，SMA-N，SMA-V and calcination precursor

由图 3-13 中还可知:①随着焙烧环境由富氧向无氧转变,3 种吸附材料 SMA、SMA-V、SMA-N 的 XRD 图谱中石墨的衍射峰强度逐渐上升,表明 3 种黏土基多孔颗粒材料中保留的石墨含量逐渐增加;②富氧气氛焙烧使累托石层间距缩小(d_{001} 值由焙烧前的 24.3743 Å 减小为 22.6554 Å),而缺氧或无氧气氛焙烧使累托石层间距增大(d_{001} 值分别增大为 25.4920 Å 和 26.9229 Å)。上述两点有力佐证了 SMA、SMA-V、SMA-N 3 种黏土基多孔颗粒材料 BET 分析结论(详见本章 3.6.1 至 3.6.3 部分)。

2. 水热改性的影响

图 3-14 为蒙脱石、累托石、偏高岭石 3 种矿物原矿及其经水热改性后的 XRD 图谱,从中可知:①在一定水热改性条件下,可增大蒙脱石、伊利石、累托石等层状硅酸盐矿物的层间距(如表 3-8 所示),且这几种层间距增大的情况均发生在 001 方向上,而 010 方向的 d 值基本不变,表明基材矿物经水热改性后,矿物晶体结构仅沿 c 轴方向变松散,而 b 轴方向基本无变化。这主要是在水热改性过程中,在高温高压条件下,基材矿物受压力影响,引起其发生水化膨胀现象(吕溥,2008);②经水热改性处理后,XRD 图谱中可发现基材矿物的背景加深,毛刺变多,峰型变宽,且向低角区偏移,表明 3 种基材矿物的晶体结构发生了一定程度变化。

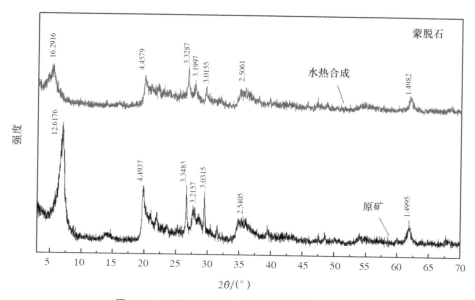

图 3-14　3 种矿物原矿-水热改性对比 XRD 图谱

Fig. 3-14　XRD patterns between raw and hydro-thermal for three ores

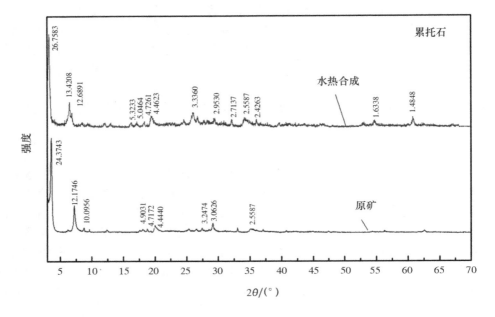

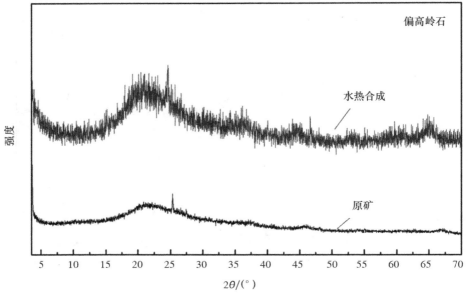

续图 3-14

表 3-8   水热改性对层状硅酸盐矿物 d_{001} 值的影响

Table 3-8   Influence on d_{001} of layer silicate minerals by modifying of hydro-thermal

矿物	面网 d_{001} 值/Å	
	改性前	改性后
蒙脱石	12.6176	16.2916
累托石	24.3743	26.7583

(1)层状硅酸盐矿物层间距的变化   综上分析可知,在最佳水热改性条件下制备得 SMA-HT,基材矿物沿 c 轴方向层间距增大,从而使其比表面积、孔容、孔隙率及孔径均得到较大幅度增加,这与本章 3.6.1 节的结论一致。

(2)黏土基多孔颗粒材料的物相组成及晶体结构变化   图 3-15 为 SMA-HT前驱体,即累托石、偏高岭石、蒙脱石 3 种基材矿物按一定比例组成的混合物,水热改性前后的 XRD 分析对比图。从图中可知,水热法可有效减少基材矿物原料中长石、赤铁矿、绿泥石、方解石、伊利石、石英等吸附性能相对较差的矿物含量,达到优化和纯化基材矿物的目的,其中长石在水热条件下的分解反应可参见反应方程式(3-4)。

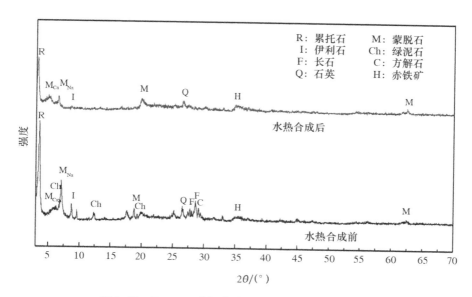

图 3-15   SMA-HT 前驱体水热改性前后 XRD 对比图

Fig. 3-15   Comparison spectra of precursors of SMA-HT（before & after hydro-thermal）

其中长石在水热条件下的分解过程可用反应方程式（3-4）表示（聂轶苗，2006）：

$$HAlSi_3O_8 + (3n+2)H_2O \rightleftharpoons 3(SiO_2 \cdot nH_2O)^{\cdot} + Al(OH)_4^- + H^+ \quad (3-4)$$

其中：$(SiO_2 \cdot nH_2O)^{\cdot}$ 表示表面富硅贫铝的前驱聚合体；n 表示每摩尔前驱聚合体中所含 H_2O 的摩尔数；$HAlSi_3O_8$ 表示为 3 个 Si 的水合长石。

图 3-16 为 SMA-HT 与焙烧前的矿物混合原料 XRD 分析对比图。可发现 SMA-HT 中有明显的石墨特征峰出现，而该石墨为膨胀石墨，对阳离子染料有强吸附作用；另外，累托石、蒙脱石的水化膨胀作用在水热条件下得到了强化，使蒙脱石层层间距撑大，表现为累托石及蒙脱石 d_{001} 值向 2θ 角的小角度偏移，进而使层间金属离子（如 Na^+、Ca^{2+} 等）被交换出，在矿物晶体表面、界面中形成了众多原子空位，空位的宏观效果就是造成大小不一的孔洞。这就是水热法使层状硅酸盐矿物晶体结构变得松散，增加晶体缺陷及高活性吸附位点的形成机制之一。相关的机理分析，本章的 3.6.6 节将结合红外光谱做进一步讨论。

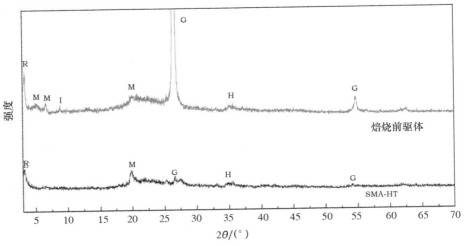

图 3-16　SMA-HT 焙烧前后 XRD 对比图

Fig. 3-16　Comparison spectra of SMA-HT and its calcination precursor

3.6.5　微形貌结构特征分析

图 3-17 为 800℃下焙烧成型后的 SMA、SMA-N、SMA-V 及 SMA-HT 4 种黏土基多孔颗粒材料扫描电镜微形貌图，其中每种吸附材料的 1、2 为外表面图，3、4

为横断面图。分析图 3-17 可发现,4 种黏土基多孔颗粒材料的表面界面具有发育的孔道与层状特征。其中缺氧焙烧黏土基多孔颗粒材料 SMA-V 外表面呈现均匀的孔洞,且卷曲表面中镶嵌众多的小卷曲面,这些卷曲面是矿物的晶体缺陷,又是高能活化区,具有强化学活性与吸附性。从 SMA-V 放大倍数为 5000 倍断面图中清楚表明,视域中孔洞均匀且发达,大多数孔洞直径为 $3\sim15~\mu m$,少数 $3~\mu m$ 以下的孔,属于大孔吸附材料。比较无氧焙烧吸附材料 SMA-N,样品表面粗糙,大孔明显,断面显示孔径多为 $10\sim25~\mu m$,其次为 $5~\mu m$ 以下的孔径;富氧焙烧吸附材料 SMA,表面卷曲程度不高,断面孔道尺寸小,部分原因是由于富氧状态下焙烧加热 $724.3℃$ 以上石墨便开始氧化挥发,导致留下大到 $100\sim200~\mu m$ 孔洞。

比较分析 SMA、SMA-V 及 SMA-N 3 种黏土基多孔颗粒材料横断面高倍镜 SEM 图,可以发现,经过无氧气氛和缺氧气氛焙烧后的吸附剂微米级孔道较为发育,多孔结构为膨胀石墨形成的,表明黏土基多孔颗粒材料在无氧气氛和缺氧气氛中焙烧时,膨胀石墨组分可得到有效的保留,这与本章 3.6.4 部分的 XRD 分析结论相吻合。然而随着焙烧环境由富氧气氛向无氧气氛转变,3 种吸附材料 SMA、SMA-V、SMA-N 中保留的石墨含量逐渐增加导致吸附剂造粒时微细粒黏土进入石墨层间的机会增多,一定程度上降低了材料孔隙率,并导致比表面积、孔径、孔容减小及阳离子吸附能力下降。

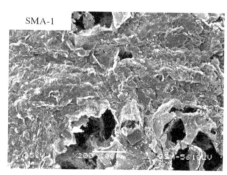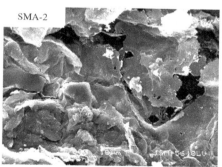

图 3-17 4 种吸附剂的扫描电镜形貌图

(1、2 外表面;3、4 横断面)

Fig. 3-17 Images of SEM for four adsorbents

(1 & 2:surface images;3 & 4:cross-section images)

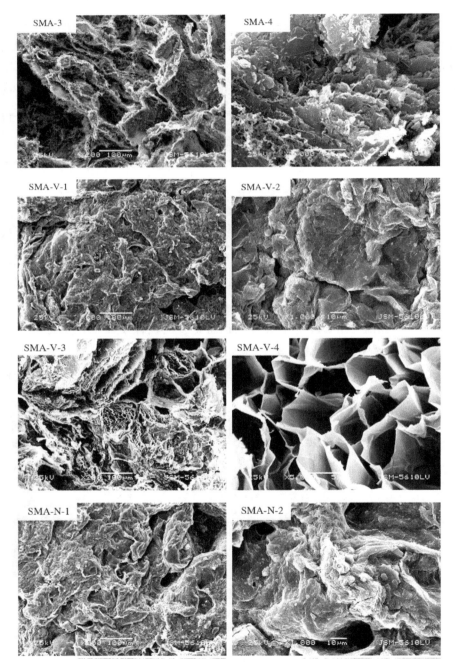

续图 3-17

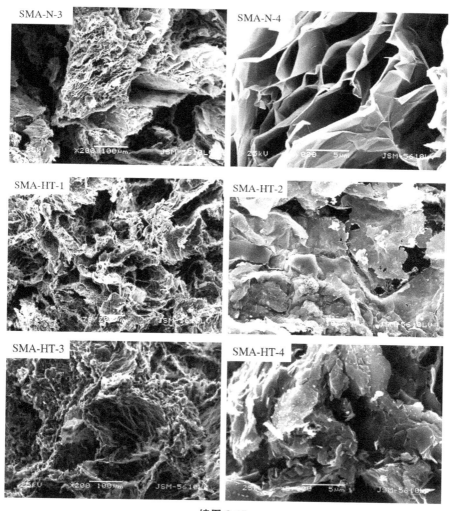

续图 3-17

　　水热改性焙烧吸附材料 SMA-HT,表面粗糙,卷曲明显,孔洞大小相对均匀,横断面多见 5～10 μm 孔洞,蜂窝状孔道网络及卷曲的层状结构较为发达,无论内外表面均表现为 4 种黏土基多孔颗粒材料中发育程度最高的,这与 BET 测试分析(详见本章 3.6.1 至 3.6.3 部分)得出的结论相一致。究其主要原因:SMA-HT 除了具备 SMA、SMA-V 及 SMA-N 3 种黏土基多孔颗粒材料孔道形成因素外,另一个主要的造孔因素是水热改性将层状硅酸盐矿物沿 c 轴的层间距撑大,这为 SMA-HT 的高效吸附性能奠定了良好的基础。

3.6.6 红外光谱特征(FT-IR)分析

图 3-18 为 4 种黏土基多孔颗粒材料(SMA、SMA-V、SMA-N、SMA-HT)及焙烧前驱体的 FT-IR 图谱,将其与黏结剂 CMC 的红外光谱吸收频率(参见表 3-8)及蒙脱石、累托石、偏高岭石 3 种主要基材的 FT-IR 图谱(如图 2-6、图 2-10、图 2-14 所示)进行比较。结果如表 3-9 所示:

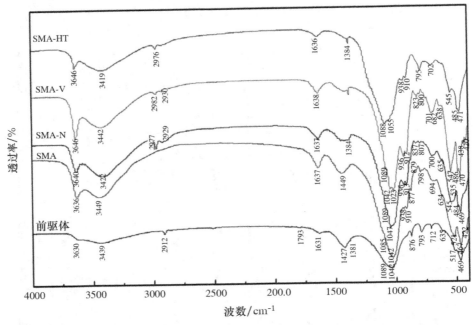

图 3-18 SMA、SMA-N、SMA-V、SMA-HT 及焙烧前驱体傅立叶变换红外光谱图
Fig. 3-18 FT-IR spectra of SMA, SMA-N, SMA-V, SMA-HT and calcination precursor

由图 3-18 和表 3-9、表 3-10 可知:①4 种制备条件均有利于黏土基多孔颗粒材料中的 Al—OH 伸缩振动吸收峰向高频区移动,其中尤以 SMA-V 及 SMA-HT 的最为显著,移动了 16 个波数;②随着焙烧环境由富氧向无氧转变,羧甲基纤维素钠(CMC)的残留量增加,在红外光谱中表现为相应的峰强度增加,且这些残留的 CMC 极有可能与黏土基多孔颗粒材料中残留的膨胀石墨发生化学吸附。判据有两点:一是结合 XRD 图谱(如图 3-13 所示)分析可发现黏土基多孔颗粒材料中 CMC 与膨胀石墨的残留量存在一定的正相关性;二是 SMA-N、SMA-V 及 SMA-HT 中 CMC 的 2912 cm^{-1} 处吸收峰向高频区移动;③对 SMA-V 而言,Si—O 弯曲振动的 517 cm^{-1} 和 469 cm^{-1} 两个吸收峰较焙烧前驱体样品有较大差别,表现为 517 cm^{-1} 处吸收峰向高频区移动了 30 个波数,469 cm^{-1} 处吸收峰分裂为两个吸收峰;④焙烧前驱体样品中 Si—O 伸缩振动的 1088 cm^{-1} 和 1042 cm^{-1} 两个吸收峰分别代表蒙脱石、伊利石或累托石硅氧四面体中的顶氧和底氧,其中顶氧和蒙脱石结构八面体中的阳离子相连,形成的化学键强度大,反映在红外光谱中的振动吸收强度弱,而底氧和层间阳离子相结合,化学键相对较弱,相对应的振动容易,反映在红外光谱中的振动吸收强度强。对于 SMA-HT 而言,Si—O 弯曲振动两个吸收峰的相当强度正好与焙烧前驱体的相反,即低频区一侧的 Si—O 弯曲振动吸收峰强度减弱,而高频区一侧的 Si—O 弯曲振动吸收峰强度加强。主要是由于水热改性使 SMA-HT 中蒙脱石层间距撑大,使与底氧相连的层间金属阳离子部分被交换出,导致底氧的电子云向硅氧四面体中的 Si 偏移,化学键相对增强,反映在低频区一侧的 Si—O 弯曲振动吸收峰强度减弱,且由于顶氧中电子云向硅氧四面体中的 Si 偏移,Si 对顶氧中电子云的束缚力减弱,化学键相对亦减弱,反映在高频区一侧的 Si—O 弯曲振动吸收峰强度加强。换言之,水热改性可使黏土基多孔颗粒材料中蒙脱石相的层间金属阳离子部分被交换出,导致 SMA-HT 呈负电性,为高效吸附阳离子染料的矿物材料制备提供了一种新途径。

表 3-9   CMC 红外光谱特征吸收频率

Table 3-9   Infrared absorption spectrum of CMC

物质	红外光谱频率/cm^{-1}	来源
CMC	2922,2912,2900,2143,1616,1611,1421,1327,1270,1057, 899,587	化学品数据库

表 3-10   样品 FT-IR 图谱的吸收谱带对比(cm^{-1})

Table 3-10   Comparison of absorption spectra from samples' FT-IR (cm^{-1})

振动类型	Precursor	SMA	SMA-N	SMA-V	SMA-HT
Al—OH 伸缩振动	3630	3636	3640	3646	3646
—CH$_2$—中 C—H 伸缩振动	2912	—	2977,2929	2928,2930	2976
C=O	1793	—	—	—	—
COO$^-$	1427	1449			
C—H 弯曲振动	1381	—	1384	1385	1384

续表 3-10

振动 类型	Precursor	SMA	SMA-N	SMA-V	SMA-HT
Si—O 伸缩振动	1042	1042	1047	1042,1023	1055
Al—OH 弯曲振动	—	938,910	936,913	936,912	938,910
Si—O—Al 伸缩振动	712	694	700	701	702
Si—O—Al$_{VI}$ 弯曲 振动	517	521	545	547	545
Si—O 弯曲振动	517,469	521,467	545,535, 484,469	547,486,470	545,485,471

3.7　本章小结

(1)考虑几种矿物单独造粒的影响,蒙脱石、累托石、偏高岭石复合造粒温度以800℃为宜。

(2)焙烧环境中的氧气对黏土基多孔颗粒材料的孔道结构改造、物质含量及官能团组成等起着主导作用。①氧气氛焙烧时,黏土基多孔颗粒材料中的孔道由膨胀石墨及CMC—Na由于被氧化或受热分解产生;缺氧及无氧焙烧时,由于焙烧气氛中氧气含量下降,黏土基多孔颗粒材料中具有介孔层间距的膨胀石墨残留量得到提升,造孔剂成分仅为CMC—Na,使孔道发育程度下降,因此表现为随着焙烧环境中氧气含量下降,黏土基多孔颗粒材料的比表面积亦下降,即比表面积从大到小依次为SMA>SMA-V>SMA-N。②缺氧气氛焙烧有利于具有高吸附活性的Al—OH和Si—O—Al两个基团的形成或活性提高,无氧气氛焙烧的次之,富氧焙烧的最差。

(3)深入研究了黏土基多孔颗粒材料的水热改性工艺技术并得到优化的水热改性工艺参数。①水热改性温度:温度过低时,吸附材料的官能团几乎无变化;温度过高时,水热反应体系中饱和蒸汽压急剧上升,一方面促使SMA-HT发生相转变,生成吸附能力差的方解石;另一方面由于压力过大,基材矿物水化膨胀过程急剧发生,导致矿物内外表面的孔道坍塌,通道阻塞,活性吸附位点随之急剧减少,造成吸附效率下降。合适的水热反应温度为150℃左右。②水热改性时间:当水热改性时间由0.5 h延长到2 h时,由于水化膨胀作用使层状硅酸盐矿物的层间距得以撑大,增大了SMA-HT的吸附性能,达到平衡吸附量的时间缩短;随着水热改性时间延长,饱和蒸汽压增大致使矿物晶体结构变得更松散,甚而坍塌,不利于吸附 MG。③固液比:随着水热改性体系中水的比例增加,有利于层状硅酸盐中的层间金属阳离子被交换出,为黏土基多孔颗粒材料创造出更多的活性吸附位点,但当固液比超过 1:20 后,由于交换出来的金属阳离子过多,导致矿物晶体结构坍塌,不利于吸附 MG。

特性矿物原料水热改性制备 SMA-HT 并用于吸附净化含 MG 染料废水的最佳改性工艺参数为:反应温度 150℃、反应时间 2 h、固液比 1:20。

(4)水热改性得到的 SMA-HT 表现出最佳的吸附优势。①SMA-HT 比表面积(18.64 $m^2 \cdot g^{-1}$)为 4 种黏土基多孔颗粒材料中的最大,较未经水热处理的提升 67.32%。主要原因为黏土基多孔颗粒材料经水热法处理后,其中的蒙脱石、伊利石、累托石等层状硅酸盐矿物由于水化膨胀作用,晶体结构沿 c 轴方向变松散,如:蒙脱石的 d_{001} 值由 12.6176 Å 增大为 16.2916 Å;累托石的 d_{001} 值和 d_{002} 值由 24.0870 Å、12.1747 Å 分别增大为 26.7583 Å、13.4208 Å;②SMA-HT 的孔径在 2~10 nm 处呈现一个较为尖锐的峰,使基材矿物的结构都得以改造,增加孔道间的连通性、有序性;③水热改性使 SMA-HT 中蒙脱石、累托石层间距撑大,使硅氧四面体中与底氧相连的层间金属阳离子部分被交换出来,导致 SMA-HT 呈负电性;④水热法可有效减少基材矿物原料中长石、赤铁矿、绿泥石、方解石、伊利石、石英等吸附性能相对较差的矿物含量,使层间金属阳离子部分被交换出来,达到优化和纯化基材矿物的目的。

第4章　4种阳离子染料吸附应用研究

本章将 SMA、SMA-N、SMA-V 及 SMA-HT 四种黏土基多孔颗粒材料应用于吸附偶氮类（甲基橙，Methyl Orange，MO）、吩噻嗪类（亚甲基蓝，Methylene Blue，MB）、三苯甲烷类（孔雀石绿，Malachite Green，MG）及碱性吩嗪类（中性红，Neutral Red，NR）四类典型阳离子染料，深入系统研究吸附特性与吸附行为，并研究吸附材料官能团、表面微结构与吸附性能的关系。

4.1　主要试剂及仪器

4.1.1　主要仪器及设备

本章中所用的主要仪器、设备详见表 4-1。

表 4-1　试验仪器和设备

Table 4-1　Instruments and equipments used in experiments

仪器设备名称	型号	生产厂家
三头研磨机	RK/XPM	武汉洛克粉磨设备制造有限公司
标准检验筛	100～200 目	浙江上虞市金鼎标准筛具厂
标准振筛机	RK/ZS-Φ200	武汉洛克粉磨设备制造有限公司
远红外鼓风干燥箱	SC101-Y	浙江省嘉兴市电热仪器厂
马弗炉	SRJX-4-13	沈阳市长城工业电炉厂
电子天平	FA2004	上海精科天平
超声波清洗器	SK250-H	上海科导超声仪器有限公司
pH 计	PHS-3D	上海智光仪器仪表有限公司

续表 4-1

仪器设备名称	型号	生产厂家
空气浴振荡器	HZQ-C	哈尔滨市东联电子技术开发有限公司
高速离心机	LXJ-IIB	上海安亭科学仪器厂
傅立叶变换红外光谱仪	IS-10	美国 Nicolet 公司
双模具中药制丸机	ZW09X-Z	广州雷迈机械设备有限公司
真空管式气氛炉	GL-1800	中科院上海光机所
水热反应釜	KH-100	上海一凯仪器设备有限公司
紫外可见分光光度计	UV-3000PC	上海美谱达公司

4.1.2 主要试剂

本章中所涉及的主要试剂如表 4-2 所示。

表 4-2 主要试剂

Table 4-2 Main reagents used in experiments

药品名称	化学式	纯度	生产厂家
高氯酸	$HClO_4$	分析纯	国药集团化学试剂有限公司
高锰酸钾	$KMnO_4$	分析纯	国药集团化学试剂有限公司
盐酸	HCl	分析纯	天津广成化学试剂有限公司
氢氧化钠	$NaOH$	分析纯	国药集团化学试剂有限公司
羧甲基纤维素钠 （CMC-Na）	$C_8H_{16}NaO_8$	分析纯	河南安力精细化工有限公司
去离子水	H_2O	—	实验室制备

4.1.3 试验染料

甲基橙（MO）、亚甲基蓝（MB）、孔雀石绿（MG）和中性红（NR）四种阳离子染料均为分析纯，来源于国药集团化学试剂有限公司。4 种阳离子染料的主要参数及化学结构式分别参见表 4-3 和图 4-1，其中孔雀石绿的红外光谱图详见图 4-2。

MO 属于典型的单偶氮类染料，具有较好的耐日晒牢度（表示太阳光对染料色牢度的影响及其光降解程度），但由于相对分子质量较小及其他原因，使其耐溶剂性能好耐迁移性能不太理想，常用于一般品质的气干漆、乳胶漆、印刷油墨及办公用品；MB 属于典型的吩噻嗪类染料，颜色很鲜艳，但耐光牢度不佳，多用于皮革和纸张的着色，有时也染丝绸，还可以作为生化着色剂和杀菌剂；MG 属于典型的三苯甲烷类染料,以甲烷分子中的碳原子为中心原子,三个氢原子被芳烃所取代,具有平面对称的结构,与中心碳原子相连的碳碳键具有部分双键的特征。由于此类染料色泽鲜艳,价格比较低廉,常用于棉纤维上染色,但耐日晒牢度极差;NR 属于典型的碱性吩嗪类染料,深绿色结晶粉末。易溶于水和醇,水溶液呈红色,醇溶液为黄色,常用于鉴定细胞死活,活细胞被染成红色,而死细胞不变色(何瑾馨,2009;郑光洪,2001)。

表 4-3　4 种阳离子染料的主要参数指标

Table 4-3　Primary parameters of four cationic dyes

染料	分类	λ_{max}/nm	分子式	分子质量
甲基橙(MO)	偶氮类	464	$C_{14}H_{14}N_3SO_3Na$	327.33
亚甲基蓝(MB)	吩噻嗪类	664	$C_{16}H_{18}ClN_3S$	319.86
孔雀石绿(MG)	三苯甲烷类	618	$C_{23}H_{25}ClN_2$	364.92
中性红(NR)	碱性吩嗪类	525	$C_{15}H_{17}ClN_4$	288.78

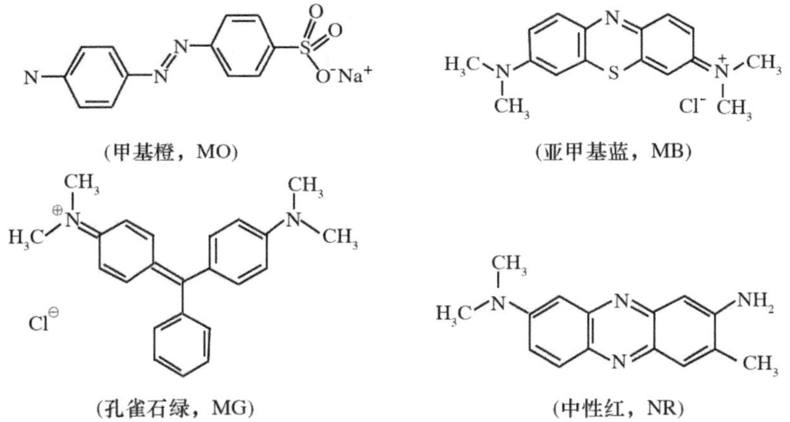

(甲基橙,MO)　(亚甲基蓝,MB)

(孔雀石绿,MG)　(中性红,NR)

图 4-1　4 种阳离子染料的分子结构式

Fig. 4-1　Molecular structural formula of four cationic dyes

图 4-2 为利用美国 Nicolet 公司 IS-10 型傅立叶变换红外光谱仪分析的孔雀石绿 FT-IR 图谱。由图可知,高频区:波数 3441 cm^{-1} 是水分子中—OH 功能团的伸缩振动吸收峰;2923 cm^{-1} 处出现的较小的吸收峰为孔雀石绿(MG)染料中甲基和苯环上的次甲基等官能团上 C—H 键的对称振动特征吸收峰,与之对应的是在 1376 cm^{-1} 处出现的 C—H 键的弯曲振动特征吸收峰;中频区:1586 cm^{-1}、

1376 cm⁻¹ 与 1169 cm⁻¹ 三处出现的峰值为 MG 对应的特征吸收峰,分别为芳环骨架振动吸收峰、Ar—N 键的伸缩振动吸收峰和 Ar—C 键的伸缩振动吸收峰;1721 cm⁻¹ 及 1130 cm⁻¹ 为 C≡N 的特征吸收峰;1614 cm⁻¹ 及 1477 cm⁻¹ 为苯环的伸缩振动特征吸收峰;1446 cm⁻¹ 为—CH₃ 的反对称变形振动特征吸收峰;941 cm⁻¹ 为苯环的呼吸振动特征吸收峰;905 cm⁻¹ 为 C—C 骨架伸缩振动特征吸收峰;833 cm⁻¹ 为苯环 C—H 面外弯曲振动特征吸收峰。低频区:509~800 cm⁻¹ 分别为 MG 中官能团苯环、R—Cl 的特征吸收振动峰(Gao,2011)。

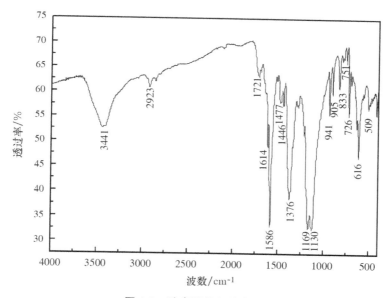

图 4-2　孔雀石绿红外光谱图
Fig. 4-2　FT-IR spectrum of the Malachite Green

4.2　试验及分析方法

4.2.1　吸附性能评价

1.吸附效率

将 100 mL 待处理的阳离子染料废水加入 250 mL 锥形瓶中,再加入已知质量的黏土基多孔颗粒材料并将锥形瓶封口,放入恒温空气浴振荡器中反应一定时间(振荡频率为 120 r·min⁻¹),后滤除吸附材料并将滤液以 5000 r·min⁻¹ 速度离心 5 min,用 UV-vis 分光光度计测定废水中残留染料的浓度。并依式(4-1)计算材料吸附净化阳离子染料废水的效率：

$$\eta = \frac{C_0 - C_t}{C_0} \times 100\% \tag{4-1}$$

式中，η 为 t 时刻黏土基多孔颗粒材料吸附废水中阳离子染料的效率，%；C_0 为废水中阳离子染料的初始浓度，$mg \cdot L^{-1}$；C_t 为吸附 t 时刻后废水中阳离子染料的瞬时残留浓度，$mg \cdot L^{-1}$。

2. 吸附量

吸附量的评价如式（4-2）所示：

$$q_t = \frac{(C_0 - C_t) \times 0.1}{M} \tag{4-2}$$

式中，q_t 为单位质量的黏土基多孔颗粒材料 t 时刻吸附废水中阳离子染料的质量，$mg \cdot g^{-1}$；M 为黏土基多孔颗粒材料的用量，g。其中当 C_t 为吸附阳离子染料达平衡浓度（C_e）时，q_t 为黏土基多孔颗粒材料吸附废水中阳离子染料的平衡吸附量（q_e）；当 C_t 为最小残留浓度（C_{min}）时，q_t 则可表示为最大吸附量（q_{max}）。

4.2.2　分析方法

本章所用到的分析方法主要为：傅立叶变换红外光谱法（FT-IR）及紫外-可见分光光度分析（UV-vis 分析），前者具体方法介绍详见 2.3.3 部分，后者具体方法介绍如下。

UV-vis 分析是根据物质分子对波长为 190～1100 nm 的电磁波的吸收光谱特性所建立的一种对物质进行定性、定量和结构分析的方法。操作简单、准确度高、重现性好。

吸收光谱曲线是描述物质分子对辐射吸收的程度随波长而变的函数关系曲线，又称为吸收曲线或吸收光谱。UV-vis 吸收光谱通常由一个或几个宽吸收谱带组成。λ_{max}（最大吸收波长）表示物质对辐射的特征吸收或选择吸收，它与分子中外层电子或价电子的结构（或成键、非键和反键电子）有关。朗伯-比尔定律是分光光度法和比色法的基础。这个定律表示：当一束具有 I_0 强度的单色辐射照射到吸收层厚度为 b、浓度为 c 的吸光物质时，辐射能的吸收依赖于该物质的浓度与吸收层的厚度。其数学表达式如式（4-3）所示：

$$A = \lg\left(\frac{I_0}{I}\right) = \lg\left(\frac{1}{T}\right) = \varepsilon b c \tag{4-3}$$

式中，A 为吸光度；I_0 为入射辐射强度；I 为透过吸收层的辐射强度；I/I_0 为透射率 T；ε 是一个常数，叫作摩尔吸光系数，ε 值越大，分光光度法测定的灵敏度越高。

4.3　结果与讨论

4.3.1　4种阳离子染料最大吸收波长和工作曲线

1.最大吸收波长(λ_{max})

各染料所配制溶液的最大吸收波长(λ_{max})根据外部环境和测量仪器的不同而有所差异,因此本节主要是利用 UV-3000PC 型紫外可见分光光度计,在波长为 190~1100 nm 的条件下对已知浓度的 MO、MB、MG 和 NR 4 种阳离子染料进行扫描,并绘制各染料的 UV-vis 扫描图,以确定在自然条件下的 λ_{max},结果如图 4-3 所示。

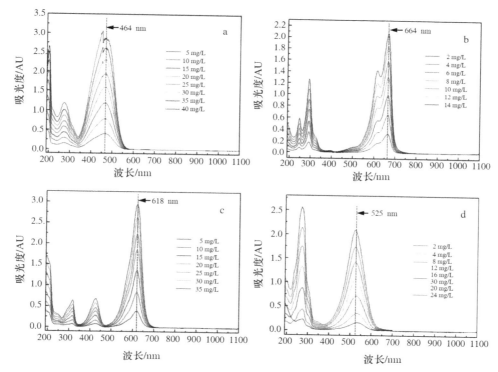

图 4-3　4 种阳离子染料溶液的 UV-vis 扫描图

(a 为甲基橙,b 为亚甲基蓝,c 为孔雀石绿,d 为中性红)

Fig. 4-3　UV-vis absorption spectra for four cationic dyes solution

(a. MO, b. MB, c. MG, d. NR)

由图 4-3 可以确定：①甲基橙（MO）溶液最大吸收波长（λ_{max}）为 464 nm；②亚甲基蓝（MB）溶液 λ_{max} 为 664 nm；③孔雀石绿（MG）溶液 λ_{max} 为 618 nm；④中性红（NR）溶液 λ_{max} 为 525 nm。

2. pH 对最大吸收波长（λ_{max}）的影响

据报道，溶液体系中 pH 的改变将引起染料最大吸收波长（λ_{max}）的变化（Zhou，2011）。本节主要考察染料溶液在不同 pH 条件下 λ_{max} 的变化情况，便于测量体系中染料的准确浓度情况，结果如图 4-4 所示。

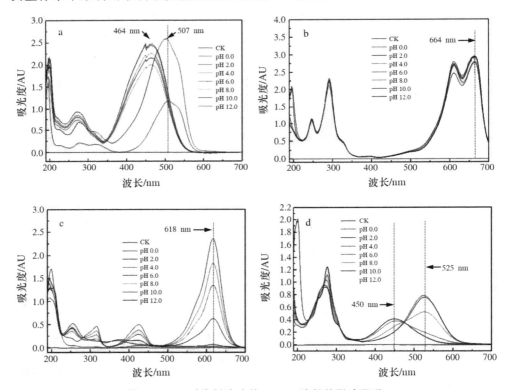

图 4-4　pH 对染料溶液的 UV-vis 波长的影响图谱

（a 为甲基橙，b 为亚甲基蓝，c 为孔雀石绿，d 为中性红）

Fig. 4-4　UV-vis wavelength spectra of on dyes solution as changed pH

（a. MO，b. MB，c. MG，d. NR）

由图 4-4 可知：①对于甲基橙溶液，在不同 pH 条件下，显示出两个 λ_{max} 值，即当 pH 为 4.0～12.0 时，$\lambda_{max} = 464$ nm，与自然条件下确定的 λ_{max} 值相同，而当

pH 为 0.0～2.0 时,λ_{max} = 507 nm;②对于亚甲基蓝溶液,当 pH 为 0.0～12.0 时,λ_{max} 值基本无变化,均为 664 nm,与自然条件下确定的 λ_{max} 值相同;③对于孔雀石绿溶液,当 pH 为 0.0～12.0 时,λ_{max} 值基本无变化,均为 618 nm,与自然条件下确定的 λ_{max} 值相同,但吸光度的强弱变化起伏较大(除了 pH 6.0～8.0);④对于中性红溶液,当 pH 在 2.0～6.0 的弱酸性时,λ_{max} = 525 nm,与自然条件下确定的 λ_{max} 值相同,而当 pH 在 8.0～12.0 时,λ_{max} 值向左偏移,为 450 nm。

3. 染料溶液标准曲线

配制已知浓度梯度的 MO、MB、MG 和 NR 4 种阳离子染料溶液,利用 UV-vis 分光光度计在 190～1100 nm 波长范围内扫描,以去离子水为参比溶液,测量各浓度梯度染料溶液的吸光值,并将染料在 λ_{max} 处的吸光值与对应的染料浓度拟合,从而确定标准工作曲线(结果如图 4-5 所示),相应的标准工作曲线计算公式如表 4-4 所示。

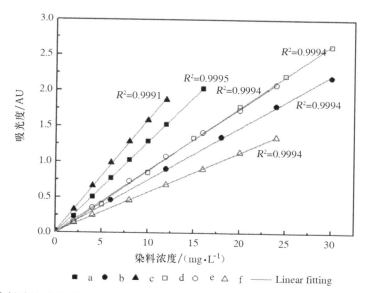

图 4-5　染料溶液浓度梯度的标准工作曲线(a 为强酸性条件下的甲基橙,b 为弱酸-弱碱性条件下的甲基橙,c 为亚甲基蓝,d 为孔雀石绿,e 为弱酸-中性条件下的中性红,f 为弱碱性条件下的中性红)

Fig. 4-5　Standard curves of dyes solution at a specific concentration gradient (a. MO at strong-acid, b. MO between weak-acid and weak-base, c. MB, d. MG, e. NR between weak-acid and neutral, f. NR at weak-base)

表 4-4　染料溶液浓度计算公式

Table 4-4　Computational formulas of concentration of dyes solution

染料名称	使用条件	λ_{max}/nm	公式	R^2	编号
甲基橙	pH 0.0~3.1	507	$c=(x-0.0778)/0.12653$	0.9995	(4-4)
甲基橙	pH 3.1~12.0	464	$c=(x-0.01085)/0.07332$	0.9994	(4-5)
亚甲基蓝	pH 0.0~12.0	664	$c=(x-0.02245)/0.15619$	0.9991	(4-6)
孔雀石绿	pH 0.0~12.0	618	$c=(x+0.01618)/0.0888$	0.9994	(4-7)
中性红	pH 2.0~7.0	525	$c=(x-0.01038)/0.08667$	0.9994	(4-8)
中性红	pH 7.0~12.0	450	$c=(x-0.01888)/0.05536$	0.9994	(4-9)

＊注：c 为溶液中染料的浓度，$mg \cdot L^{-1}$；x 为相对应的吸光度。

4.3.2　颗粒材料吸附阳离子染料研究

本节主要利用 SMA 分别对含有 4 种典型阳离子染料（MO、MB、MG 和 NR）的废水进行吸附试验，旨在考察 SMA 对阳离子染料吸附的影响因素。

1.吸附剂用量

（1）试验条件　分别量取 100 mL 浓度均为 500 $mg \cdot L^{-1}$ 的 4 种有机阳离子染料废水（MO 的 pH 6.44，MB 的 pH 6.33，MG 的 pH 3.69，NR 的 pH 3.17）于 250 mL 锥形瓶中，并投入一定量的 SMA 样品，再将锥形瓶置于空气浴摇床，调节温度为 35℃，振荡频率为 110 $r \cdot min^{-1}$，反应 48 h 后取样测量。

（2）试验变量　SMA 用量分别约为 1.0 $g \cdot L^{-1}$、2.5 $g \cdot L^{-1}$、5.0 $g \cdot L^{-1}$、7.5 $g \cdot L^{-1}$ 以及 10.0 $g \cdot L^{-1}$。

用 UV-vis 分光光度计测量吸附前后废水溶液在相应染料最大吸收波长 λ_{max} 处吸光度的变化情况，依据式（4-4）至式（4-9）推算出吸附后溶液中残留染料浓度，从而得到不同用量 SMA 分别对 4 种阳离子染料的吸附效率及平衡吸附量（q_e）的变化情况＊。

（3）试验结果　由图 4-6 可知，随着 SMA 用量增加，废水中 4 种阳离子染料变化的总体趋势为上升，而平衡吸附量（q_e）则下降，具体数据体现如下：①当吸附材料用量由 1.04 $g \cdot L^{-1}$ 逐渐增加到 9.95 $g \cdot L^{-1}$ 时，废水中甲基橙的去除率从 26.37％ 提升到 82.50％，而平衡吸附量（q_e）则从 122.88 $mg \cdot g^{-1}$ 下降到

＊ 注：后续关于吸附效率及吸附量研究均使用此方法。

42.57 mg•g^{-1}；②当吸附材料用量由 1.02 g•L^{-1} 逐渐增加到 9.96 g•L^{-1} 时，废水中甲基橙的去除率从 24.46% 提升到 88.43%，而平衡吸附量（q_e）则从 119.90 mg•g^{-1} 下降到 44.57 mg•g^{-1}；③当吸附材料用量由 0.96 g•L^{-1} 逐渐增加到 10.01 g•L^{-1} 时，废水中甲基橙的去除率从 30.67% 提升到 100.00%，而平衡吸附量（q_e）则从 160.41 mg•g^{-1} 下降到 49.94 mg•g^{-1}；④当吸附材料用量由 0.97 g•L^{-1} 逐渐增加到 9.99 g•L^{-1} 时，废水中甲基橙的去除率从 23.30% 提升到 92.97%，而平衡吸附量（q_e）则从 121.86 mg•g^{-1} 下降到 46.42 mg•g^{-1}。

究其原因，主要是由于材料中不饱和活性吸附位点引起的。当 4 种阳离子染料废水中 SMA 用量较低（1.0～5.0 g•L^{-1}）时，活性吸附位点基本已经吸附饱和，因此随着用量的增加，废水中染料的去除率提升较为显著；当 SMA 用量较高（5.0～10.0 g•L^{-1}）时，材料中的吸附活性位点的绝对数量大幅度增加，吸附效率得到提高（周崎，2012）。

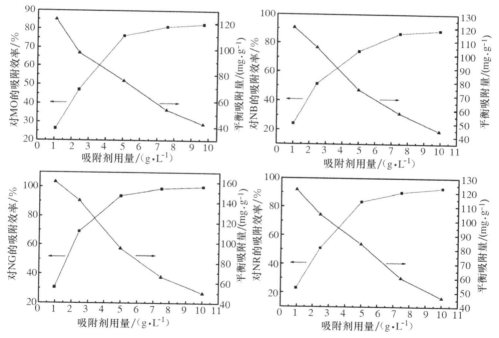

图 4-6　SMA 用量对染料吸附效率及平衡吸附量（q_e）的影响

Fig. 4-6　Influence of SMA dosage on adsorption efficiency and equilibrium capacity of dyes

由图 4-6 还可知：①若以 5.0 g•L^{-1} 为分界点，当 SMA 用量低于该值时，废水中 MO、MG、NR 3 种染料的去除率增加显著，而高于该值时，去除率的曲线变化趋于平缓；②对于染料 MB，其分界点表现为 7.5 g·L^{-1}。因此，在本章的后续试验中，SMA 对 MO、MG、NR 3 种染料采用的用量为 5.0 g·L^{-1}，而对 MB 的用量为 7.5 g·L^{-1}。

2. 染料初始浓度

(1)试验条件　分别量取 100 mL 已知浓度的 4 种阳离子染料废水于 250 mL 锥形瓶中，并投入一定重量的 SMA 样品（MO、MG、NR 中均近似为 5.0 g·L^{-1}，MB 中约为 7.5 g·L^{-1}），再将锥形瓶放于空气浴摇床，调节温度为 35℃、振荡频率为 110 r·min^{-1}，反应 48 h 后取样测量。

(2)试验变量　MO、MB、NR 3 种染料的初始浓度梯度变化均为 200 mg·L^{-1}、400 mg·L^{-1}、500 mg·L^{-1}、600 mg·L^{-1}、800 mg·L^{-1} 以及 1000 mg·L^{-1}；由于 MG 染料浓度小于或等于 500 mg·L^{-1} 时，SMA 对其吸附效率几乎为 100%，因此 MG 的初始浓度梯度变化为 500 mg·L^{-1}、750 mg·L^{-1}、1000 mg·L^{-1}、1250 mg·L^{-1} 及 1500 mg·L^{-1}。

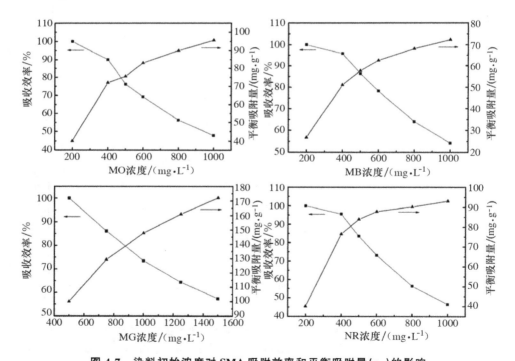

图 4-7　染料初始浓度对 SMA 吸附效率和平衡吸附量(q_e)的影响

Fig. 4-7　Influence of original concentration of dyes on SMA adsorption efficiency and equilibrium capacity

（3）试验结果　从图 4-7 可知，随着染料初始浓度提升，SMA 的平衡吸附量（q_e）亦随之提高。这主要是由于吸附材料中的不饱和活性吸附位点与废水中的染料浓度之间存在的某种平衡关系引起的。主要表现为：①该用量的 SMA 吸附 4 种较低浓度的阳离子染料废水 48 h 后，其中的残留染料几乎完全被去除，此时材料中的不饱和活性吸附位点占主导；②当逐渐提升体系中染料的浓度，SMA 中的不饱和活性吸附位点数急剧下降，染料的去除率亦急剧下降，而 SMA 平衡吸附量（q_e）的变化则趋于平缓。因此，平衡关系可归纳为：在 SMA 总质量一定的情况下，不饱和活性吸附位点数量相当，则矿物吸附材料的最大吸附量（q_{max}）一定，但 q_{max} 是一个理论值，只能随着体系中染料浓度的不断增加而无限趋近但很难达到，因此当 4 种待测染料浓度超过某一阈值时，SMA 平衡吸附效率的下降趋势明显而平衡吸附量提升变得缓慢。这一阈值对于不同染料表现不尽相同，如对于 MO、MB、NR 3 种染料为 600 mg•L^{-1}，而对于 MG 则为 1000 mg•L^{-1}。

另外，由图 4-7 还可知，相同条件下 SMA 的平衡吸附量（q_e）越大，则染料的初始浓度（C_0）与 q_e 的线性关系越明显，线性拟合结果如表 4-5 所示。

表 4-5　染料溶液初始浓度（C_0）与 SMA 平衡吸附量（q_e）的线性拟合方程
Table 4-5　Linear regression equation of four dyes onto SMA using initial concentration (C_0) vs. Equilibrium adsorption capacity (q_e)

序号	染料名称	线性方程	R^2
1	甲基橙（MO）	$q_e = 0.0635 \times C_0 + 39.013$	0.8458
2	亚甲基蓝（MB）	$q_e = 0.0528 \times C_0 + 25.631$	0.8462
3	孔雀石绿（MG）	$q_e = 0.0703 \times C_0 + 71.665$	0.9595
4	中性红（NR）	$q_e = 0.0574 \times C_0 + 45.101$	0.6891

3. 吸附时间

在前述的单因素试验中，吸附时间均固定为 48 h，以保证吸附时间足够充分，使吸附更接近于平衡。然而吸附达平衡的初始时间，以及吸附时间对 SMA 吸附规律的影响尚待充分论证，因此本节将对其作详细探讨。具体操作如下：

（1）试验条件　分别量取 100 mL 4 种已知浓度的阳离子染料废水（MO、MB、NR 浓度均为 600 mg•L^{-1}，MG 为 1000 mg•L^{-1}）于 250 mL 锥形瓶中，并投入一定重量的 SMA（MO、MG、NR 均约为 5.0 g•L^{-1}，MB 约为 7.5 g•L^{-1}），而后将锥形瓶置于空气浴摇床，调节温度为 35℃、振荡频率为 110 r•min^{-1}，每 2 h 取样测量一次。

（2）试验变量　本节中吸附试验总时间为 48 h，时间间隔为 2 h。

（3）试验结果　图 4-8 为一定量 SMA 对 4 种已知浓度的阳离子染料吸附量（q_t）随反应时间变化情况分析。由图可知，SMA 对 MO、MB、MG 和 NR 的吸附可分为两个阶段：第一阶段为快速吸附阶段，主要是由于废水中染料向整个 SMA 外表面吸附引起的；第二阶段为缓慢吸附阶段，主要是由于吸附接近平衡后，废水中染料向 SMA 内表面吸附引起的（周崎，2012；张世春，2014）。

由图 4-8 还可知，不同染料显示的两阶段分界点时刻（t）和相应的吸附量（q_t）均有所差异，其中 MO 的 t 为 6 h，q_t 为 82.70 mg·g^{-1}；MB 的 t 为 24 h，q_t 为 59.62 mg·g^{-1}；MG 的 t 为 6 h，q_t 为 141.13 mg·g^{-1}；NR 的 t 为 22 h，q_t 为 88.73 mg·g^{-1}。然而这种差异也有其规律，即是当 2 h 时的吸附量（q_t）越大，则达到分界点所需时间越短。

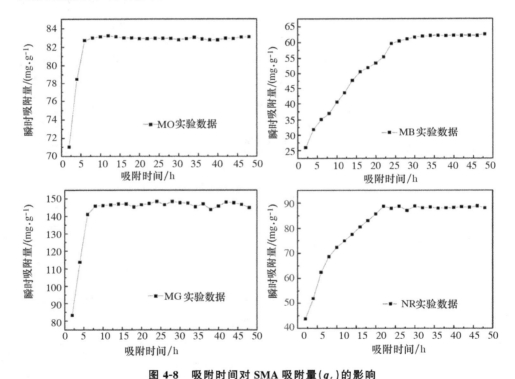

图 4-8　吸附时间对 SMA 吸附量（q_t）的影响

Fig. 4-8　Influence of adsorption time on adsorption capacity（q_t）of SMA

4.初始 pH

（1）试验条件　分别量取 100 mL 4 种已知浓度的阳离子染料废水（MO、MB、NR 浓度均为 600 mg·L^{-1}，MG 为 1000 mg·L^{-1}）于 250 mL 锥形瓶中，并投入一

定重量的 SMA 样品(MO、MG、NR 均约为 $5.0\ \mathrm{g\cdot L^{-1}}$,MB 约为 $7.5\ \mathrm{g\cdot L^{-1}}$),再将锥形瓶放于空气浴摇床,调节温度为 35℃、振荡频率为 $110\ \mathrm{r\cdot min^{-1}}$,反应时间分别为 MO 6 h,MB 24 h,MG 6 h,NR 22 h。

(2)试验变量　调节一定浓度的待测染料废水初始 $pH(pH_0)$ 分别为 0.0、2.0、4.0、6.0、8.0、10.0、12.0。

(3)试验结果　由图 4-9 可知,pH_0 对于 SMA 吸附料净化废水中染料存在特性差异。①针对 MO,当染料废水 pH_0 为 2.0 时,平衡吸附量曲线出现最大值,为 $113.74\ \mathrm{mg\cdot g^{-1}}$,较废水原液提高约 37.5%;②针对 MB,本节中试验的最大平衡吸附量出现在 pH_0 为 12.0 的端点处,为 $66.02\ \mathrm{mg\cdot g^{-1}}$,较废水原液仅提高 11%,且其余 pH_0 条件下得到的 q_e 反而较废水原液减少逾 30%,表明不调节废水 pH_0 更利于 SMA 吸附净化 MB 染料;③针对 MG,当体系中 pH_0 为 8.0 时,SMA 的吸附量超过 $180\ \mathrm{mg\cdot g^{-1}}$,较废水原液的提高逾 30%;而当 pH_0 为 2.0 时,SMA 的吸附量仅为 $71.30\ \mathrm{mg\cdot g^{-1}}$,较废水原液的降低近一倍;④针对 NR,当 pH_0 在 $0.0\sim$

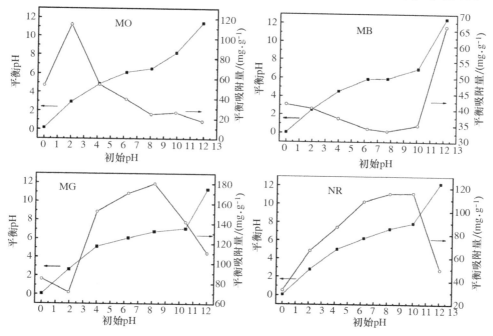

图 4-9　pH_0 对 SMA 平衡吸附量(q_e)和平衡 pH(pH_e)的影响

Fig. 4-9　Influence of pH_0 on adsorption capacity of equilibrium (q_e) and equilibrium pH (pH_e) of SMA

10.0时，SMA对于染料的去除率随着pH$_0$的上升而逐渐增加，若进一步增加体系pH$_0$，染料的去除率下降迅速，则依图分析，当pH$_0$为10.0时，SMA的净化效果最佳。然而试验研究发现，当体系中pH超过7.0时，该染料废水中出现絮凝现象，因此我们认为当pH$_0$6.0～7.0时，SMA对于NR的吸附净化效果最佳，此时SMA的吸附量接近110 mg·g^{-1}，较废水原液提升逾22%。

综上所述，SMA对MO、MG、NR吸附的最佳pH$_0$分别为2.0、8.0、6.0～7.0，但对于含MB的阳离子染料废水而言，以不调节pH为宜。

5.吸附材料脱附再利用

将吸附饱和的SMA在750℃下富氧焙烧1 h，而后按"4.初始pH"部分试验条件，针对含有4种不同阳离子染料的废水，分别在最佳pH$_0$条件下循环使用5次，结果如图4-10所示。从图中可知，再生的SMA对4种阳离子染料的吸附净化效果均略有下降，5次再生后对4种阳离子染料吸附效率仅下降10%左右，而平均质量损失率（散失率与烧失量之和）仅为5.78%，而对于MO、MB、MG、NR的平衡吸

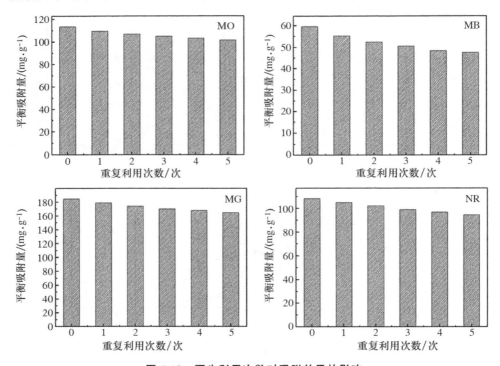

图4-10 再生利用次数对吸附效果的影响

Fig. 4-10 Influence of recycling times on adsorptive capacity

附量(q_e)分别为 101.73 mg·g^{-1}、47.57 mg·g^{-1}、164.59 mg·g^{-1}、94.50 mg·g^{-1}，说明黏土基多孔颗粒材料不易散失，脱附再生性能好。

4.3.3　焙烧气氛对颗粒材料吸附效果的影响研究

　　SMA 前驱体中虽含有膨胀石墨成分，但经富氧气氛焙烧后，几乎以 CO_2 气体形式逸出材料表面，以致在 SMA 成型的过程中膨胀石墨仅充当造孔剂，而弱化了膨胀石墨优异的吸附特性及轻质优势。鉴于膨胀石墨对于水体中的有机污染物有很强的吸附能力（许霞，2006；黎梅，2008），因此我们将焙烧环境分别调节为富氧、缺氧和无氧 3 种气氛，旨在考察各焙烧环境中不同工艺因素对黏土基多孔颗粒材料吸附阳离子染料废水效果的影响。

　　利用缺氧（真空）及无氧（氮气）气氛环境焙烧制备得的 SMA-V 及 SMA-N 两种吸附材料，与富氧气氛制备得到的 SMA 进行吸附阳离子染料试验，染料则选择 SMA 吸附效果最优的孔雀石绿（MG）。

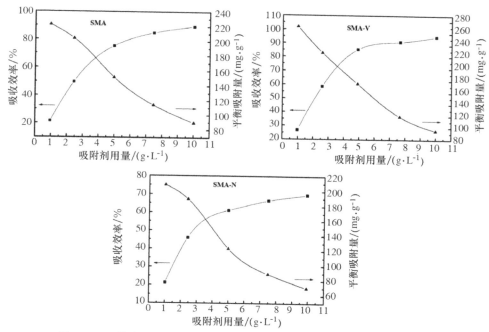

图 4-11　3 种吸附剂用量对孔雀石绿吸附效率及平衡吸附量(q_e)的影响

Fig. 4-11　Influence of dosage of three adsorbents on removal efficiency and adsorption capacity of equilibrium (q_e) for MG

1．吸附剂用量

（1）试验条件　量取 100 mL 浓度为 1000 mg·L^{-1} MG 染料废水（pH 3.34）于 250 mL 锥形瓶中，并分别投入一定重量的 SMA、SMA-N 及 SMA-V 吸附剂，而后将锥形瓶置于空气浴摇床，调节温度为 35℃、振荡频率为 110 r·min^{-1}，反应 48 h 后取样测量。

（2）试验变量　SMA、SMA-N 及 SMA-V 3 种吸附材料用量为：1.0 g·L^{-1}、2.5 g·L^{-1}、5.0 g·L^{-1}、7.5 g·L^{-1} 以及 10.0 g·L^{-1}。

（3）试验结果　由图 4-11 可知，随着 SMA、SMA-N 与 SMA-V 用量的增加，废水中 MG 的去除率均呈现上升趋势，然而平衡吸附量（q_e）却呈现明显的下降趋势。这主要是由于材料中不饱和活性吸附位点引起的，即：①当 MG 染料废水中 3 种吸附剂用量 ≤ 1.0 g·L^{-1} 时，不饱和活性吸附位点基本被耗尽，而随着其用量的增加，废水中 MG 的去除率提升较为显著；②当吸附剂用量 ≥ 1.0 g·L^{-1} 时，材料中的不饱和活性吸附位点的绝对数量大幅度提升，而吸附质的总量一定，因此随吸附剂用量增加，废水中 MG 的去除率上升势头减缓，甚至趋于平衡，而 q_e 下降则较为显著。

另外，从图 4-11 中的"吸附剂用量-吸附效率"曲线还可知，3 种吸附剂用量均以 5.0 g·L^{-1} 为分界点，当吸附剂用量 1.0～5.0 g·L^{-1} 时，随着吸附剂用量的增加，MG 去除率的增幅明显高于用量为 5.0～10.0 g·L^{-1} 的情形。

2．染料初始浓度

如前所述，废水中染料浓度的高低直接影响吸附剂的吸附效率，且这种影响的程度及规律又存在个性差异，因此本节针对不同焙烧环境条件下制备得到的 3 种吸附剂样品进行染料（MG）吸附试验研究，旨在分析染料初始浓度对 SMA、SMA-N 及 SMA-V 吸附 MG 效率的影响程度及规律。

（1）试验条件　量取 100 mL 一定浓度的 MG 染料废水（pH 3.34）于 250 mL 锥形瓶中，并分别投入用量约为 5.0 g·L^{-1} 的 SMA、SMA-N 及 SMA-V 吸附剂，而后将锥形瓶置于空气浴摇床，调节温度为 35℃、振荡频率为 110 r·min^{-1}，反应 48 h 后取样测量。

（2）试验变量　MG 初始浓度梯度为 500 mg·L^{-1}、750 mg·L^{-1}、1000 mg·L^{-1}、1250 mg·L^{-1} 以及 1500 mg·L^{-1}。

（3）试验结果　从图 4-12 中可知，在染料初始浓度单因素变化前提下，SMA、SMA-N 及 SMA-V 对 MG 吸附的变化规律大致相同，即随着 MG 初始浓度的提高，3

种吸附剂对 MG 吸附效率均呈现下降趋势,而平衡吸附量(q_e)呈现上升趋势。

同时,在图 4-12 中亦可发现 3 种吸附剂对 MG 的吸附量及吸附效率同比均存在较大差异,其中吸附量从大到小依次为:SMA-V>SMA>SMA-N,吸附效率降幅随着染料初始浓度的提高的变化情况为:SMA-V<SMA<SMA-N。

在试验条件下,MG 浓度与吸附率的曲线图中可知,3 种吸附剂对 MG 吸附的分界点几乎均出现在染料浓度为 1000 mg·L^{-1} 附近,且此时 SMA、SMA-N、SMA-V 对 MG 的吸附效率均超过 70%。鉴于此,在后续试验研究中的 MG 浓度以 1000 mg·L^{-1} 为宜。

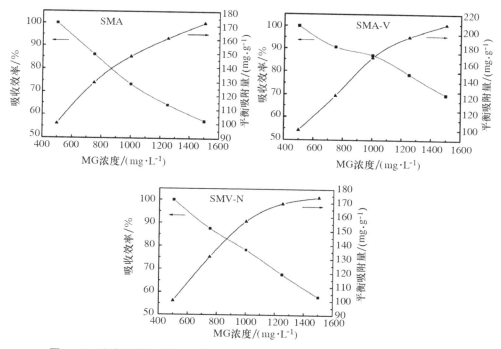

图 4-12　孔雀石绿初始浓度对 3 种吸附剂吸附效率和平衡吸附量(q_e)的影响
Fig. 4-12　Influence of initial concentration of MG on removal efficiency and adsorption capacity of equilibrium (q_e) of three adsorbents

3.吸附时间

(1)试验条件　量取 100 mL 浓度为 1000 mg·L^{-1} MG 染料废水(pH 3.34)于 250 mL 锥形瓶中,并分别投入用量均为 5.0 g·L^{-1} 的 SMA、SMA-N 及 SMA-V 吸附剂,而后将锥形瓶置于空气浴摇床,调节温度为 35℃、振荡频率为 110 r·min^{-1},

反应一定时间后取样测量,旨在考察吸附时间对 3 种吸附剂吸附性能的影响规律。

(2)试验变量　3 种吸附剂对 MG 的吸附时间均为 2 h、4 h、6 h、8 h、10 h、12 h、14 h、24 h、26 h、28 h。

(3)试验结果　由图 4-13 可知,3 种吸附剂对孔雀石绿(MG)的吸附亦可分为两个阶段:第一阶段为快速吸附阶段,主要是由于废水中染料向整个吸附剂外表面吸附引起的;第二阶段为缓慢吸附阶段,主要是由于吸附接近平衡后,废水中染料向吸附剂内表面吸附引起的(周崎,2012;张世春,2014)。从图 4-13 中我们还可知,3 种吸附剂对 MG 染料吸附的趋势大致相当。但就吸附量而言,3 种吸附剂对 MG 的吸附存在一定的差异性,即吸附量从大到小依次为 SMA-V＞SMA＞SMA-N,且这种差异性随着吸附时间的延长表现更为显著,当反应 6～8 h 时基本达到吸附平衡。

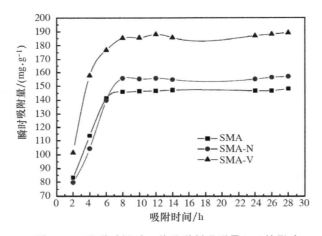

图 4-13　吸附时间对 3 种吸附剂吸附量(q_t)的影响

Fig. 4-13　Influence of adsorption time on adsorption capacity (q_t) of three adsorbents

4.初始 pH

(1)试验条件　量取 100 mL 浓度为 1000 mg·L^{-1} MG 染料废水于 250 mL 锥形瓶中,利用酸、碱调节其 pH,再分别投入用量为 5.0 g·L^{-1} 的 SMA、SMA-N 及 SMA-V 吸附剂,而后将锥形瓶置于空气浴摇床,调节温度为 35℃、振荡频率为 110 r·min^{-1},反应 6～8 h 时取样测量,主要考察阳离子染料废水 pH$_0$ 对 3 种吸附材料的影响。

(2)试验变量　调节浓度为 1000 mg·L^{-1} MG 染料废水的 pH$_0$ 分别近似为:0.0、2.0、4.0、6.0、8.0、10.0、12.0。

(3)试验结果　由图 4-14 中可知,pH$_0$ 对于 3 种吸附剂净化含 MG 的阳离子染料废水的影响,存在相似性和差异性。①相似性表现在变化趋势上。如 3 种吸附剂对 MG 的吸附量随染料废水 pH_0 的逐渐提升,显示为先上升后下降,在 pH_0 为 8.0 时均呈现最大值;另外,pH_0~pH_e 的变化趋势也较为相似,即是 3 种吸附剂对应的 pH_0-pH_e 曲线围绕着某个点呈中心原点对称,相应理论分析详见图 5-6 的模型分析。②差异性主要体现在绝对量上。如 SMA、SMA-N、SMA-V 3 种吸附剂对 MG 的最大平衡吸附量($q_{e, max}$)分别为 185.10 mg·g^{-1}、169.12 mg·g^{-1}、191.74 mg·g^{-1},其从大到小的依次顺序与染料初始浓度和吸附时间影响的单因素研究相同。然而 pH 8.0~12.0 时,平衡吸附量随 pH_0 上升而下降,且降幅大小顺序与前述的刚好相反。

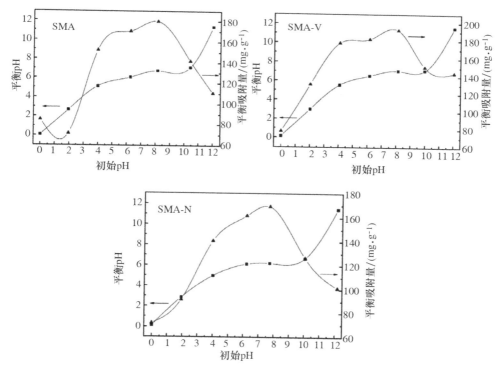

图 4-14 pH_0 对 3 种吸附剂平衡吸附量(q_e)和平衡 pH(pH_e)的影响
Fig. 4-14 Influence of pH_0 on adsorption capacity of equilibrium (q_e) and equilibrium pH (pH_e) of three adsorbents

综上可知,3 种吸附剂吸附 MG 的最大平衡吸附量($q_{e, max}$)依次为:SMA-V>SMA>SMA-N,表明缺氧气氛下制备得到的吸附剂具备最大的吸附能力。究其原因,主要为以下两点:①缺氧气氛更有利于提高黏土基多孔颗粒材料吸附性能。这是因为富氧气氛焙烧形成的 SMA,由于氧气充足,吸附性能较高的膨胀石墨几乎被完全氧化;无氧气氛焙烧形成的 SMA-N,虽然有利于最大限度地保留膨胀石墨,但由于层状矿物造粒过程中择优取向不利于形成发育的孔道(王鸿禧,1980;潘兆橹,1993;吴平霄,2004),则比表面积、孔径、孔容等为最小(表 3-6);而缺氧气氛中焙烧时,不仅有利于有机物生成 CO_2 和 H_2O 等,而且有利于部分膨胀石墨氧化生成 CO_2,使孔道连通、闭孔减少,从而有效增大比表面积,且在吸附材料中固定了吸附性能高的膨胀石墨,有利于提高材料吸附性能;②形成的孔道无论是纳米级介孔还是微米级大孔,其孔径大部分集中在一个较窄的范围内(图 3-11、图 4-16、表 3-7),有利于选择性吸附。

5. 吸附材料脱附再利用

将吸附饱和的 SMA-N 与 SMA-V 分别在无氧气氛及缺氧气氛下,真空管式气氛炉中 750℃ 焙烧 1 h,而后按"4. 初始 pH"部分试验方案在最佳 pH_0 条件下循环使用 5 次,并与 SMA 循环使用 5 次作比较研究。

SMA、SMA-V 及 SMA-N 吸附 MG 前后外表面及横断面变化情况对比分别见图 4-15、图 4-16 及图 4-17,从中可发现:①再生一次后,虽然吸附材料内外表面均呈现不同程度破坏,但可使造粒过程中形成的闭孔打开,使孔道得到有效利用。因而再生一次后,SMA、SMA-V 及 SMA-N 对 MG 的 $q_{e,max}$ 仅分别下降 3.34%、1.44% 及 0.67%,即随着焙烧环境由富氧气氛向无氧气氛转变,脱附再生材料对于阳离子染料 MG 的吸附效率逐渐提升;②随着再生次数的增加,吸附材料内外表面受破坏程度进一步加深,5 次再生后,SMA、SMA-V 及 SMA-N 的平均损失率分别为 11.08%、5.78% 及 2.42%,但对 MG 的 $q_{e,max}$ 仍分别高达 164.59 mg·g^{-1}、180.76 mg·g^{-1}、165.03 mg·g^{-1}(图 4-18),表明 SMA、SMA-V 及 SMA-N 具有优异的再生和重复利用性能。

4.3.4 水热合成法对颗粒材料吸附效果的影响研究

人工改性矿物吸附材料的主要目的是最大限度地摒弃天然矿物的缺点,从而充分利用或最大限度发挥某些天然矿物吸附性能的优势。水热改性是目前制备新材料和新化合物最经济实用的方法之一(袁昊,2013),其是将各种反应原料置于水热反应釜中,于 1 MPa~1 GPa 和 100~1000℃ 的压力和温度条件下,反应釜中的水分子处于超临界或亚临界状态,从而提高水溶液中各物质之间的化学反应性能,以达到改性的目的,因而其在某种程度下可以替代高温条件下的固相反应,但由于

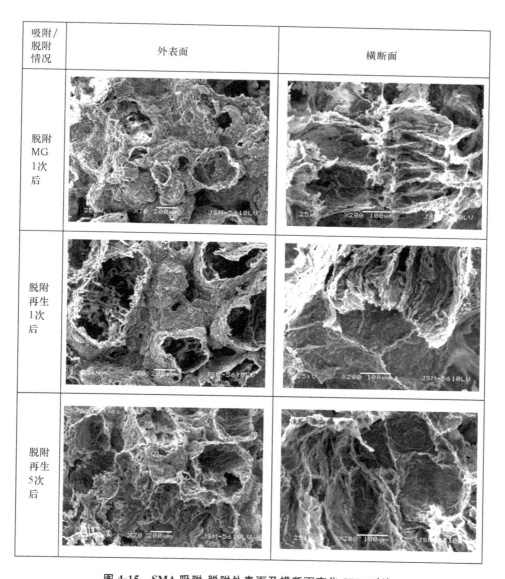

图 4-15　SMA 吸附-脱附外表面及横断面变化 SEM 对比

Fig. 4-15　Variation of the SEM of adsorbed-desorbed SMA's surface and cross section

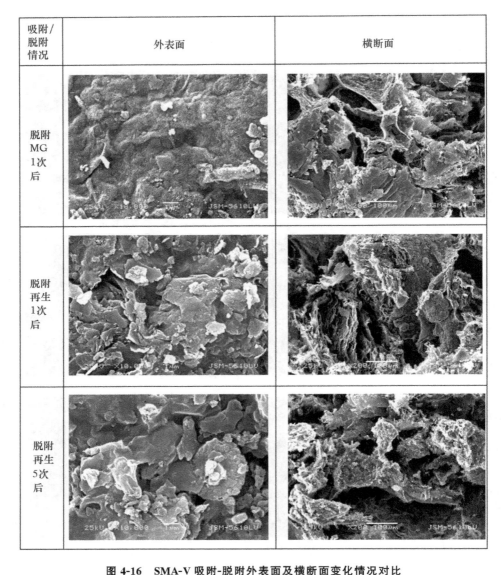

图 4-16   SMA-V 吸附-脱附外表面及横断面变化情况对比

Fig. 4-16   Variation of the SEM of adsorbed-desorbed SMA-V's surface and cross section

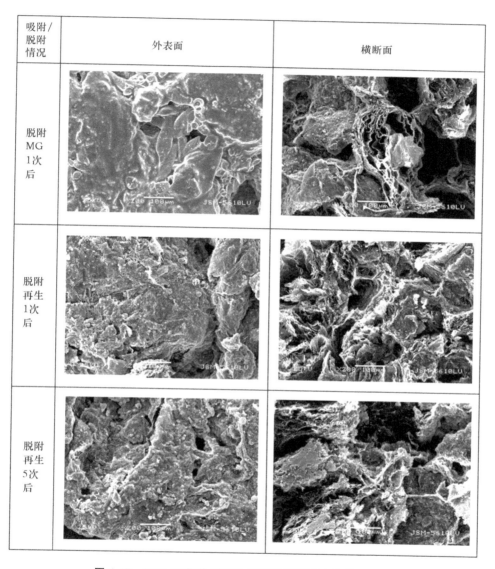

吸附/脱附情况	外表面	横断面
脱附MG1次后		
脱附再生1次后		
脱附再生5次后		

图 4-17 SMA-N 吸附-脱附外表面及横断面变化情况对比

Fig. 4-17 Variation of the adsorbed-desorbed SMA-N's surface and cross section

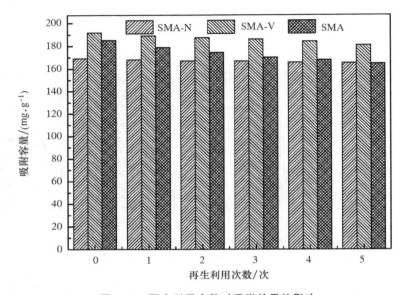

图 4-18　再生利用次数对吸附效果的影响

Fig. 4-18　Influence of recycling times on adsorptive capacity

水热反应的均相成核及非均相成核机理与固相反应的扩散机制不同,因而可以创造出其他方法无法制备得到的新特性。

因此,本节采用水热法,对黏土基多孔颗粒材料的前驱体(蒙脱石、累托石及偏高岭石 3 种矿物原料的混合物)进行改性处理,而后造粒、焙烧、成型得到 SMA-HT 黏土基多孔颗粒材料,并对阳离子染料(MG)进行吸附性能研究,旨在考察水热改性对黏土基多孔颗粒材料吸附阳离子染料性能的影响规律。

1. 吸附剂用量

(1)试验条件　量取 100 mL 浓度为 500 mg·L^{-1} MG 染料废水(pH 3.34)于 250 mL 锥形瓶中,投入一定重量的 SMA-HT 吸附剂,而后将锥形瓶置于空气浴摇床,调节温度为 35℃、振荡频率为 110 r·min^{-1},反应 48 h 后取样测量。

(2)试验变量　SMA-HT 用量梯度均为:1.0 g·L^{-1}、2.0 g·L^{-1}、3.0 g·L^{-1}、4.0 g·L^{-1}以及 5.0 g·L^{-1}。

(3)试验结果　由图 4-19 可知,随着 SMA-HT 用量的增加,废水中 MG 的去除率均呈现上升趋势,然而平衡吸附量(q_e)却呈现明显地下降趋势,与 SMA、SMA-V、SMA-N 3 种吸附剂相似。

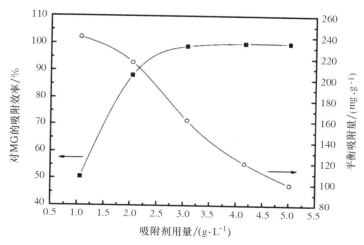

图 4-19 SMA-HT 用量对孔雀石绿吸附效率及平衡吸附量(q_e)的影响
**Fig. 4-19 Influence of dosage of SMA-HT on removal efficiency and
adsorption capacity of equilibrium (q_e) for MG**

另外,从图 4-19 中的"吸附剂用量-吸附效率"曲线还可知,SMA-HT 用量均以 2.0 g·L^{-1} 为分界点,当吸附剂用量 1.0～2.0 g·L^{-1} 时,随着吸附剂用量的增加,MG 去除率的增幅明显高于用量为 2.0～5.0 g·L^{-1} 的情形。

2. 染料初始浓度

(1)试验条件 量取 100 mL 一定浓度的 MG 染料废水(pH 3.34)于 250 mL 锥形瓶中,投入用量约为 2.0 g·L^{-1} 的 SMA-HT,而后将锥形瓶置于空气浴摇床,调节温度为 35℃、振荡频率为 110 r·min^{-1},反应 48 h 后取样测量。

(2)试验变量 MG 初始浓度梯度为 500 mg·L^{-1}、750 mg·L^{-1}、1000 mg·L^{-1}、1250 mg·L^{-1} 以及 1500 mg·L^{-1}。

(3)试验结果 从图 4-20 中可知,在染料初始浓度单因素变化前提下,SMA-HT 对 MG 吸附的变化规律与 SMA、SMA-N、SMA-V 3 种黏土基多孔颗粒材料的相似,即随着 MG 初始浓度的提高,黏土基多孔颗粒材料对 MG 吸附效率均呈现下降趋势,而平衡吸附量(q_e)呈现上升趋势。

在试验条件下,MG 浓度与吸附率的曲线图中可知,SMA-HT 对 MG 吸附的分界点出现在染料浓度为 1000 mg·L^{-1} 处。鉴于此,在后续试验研究中的 MG 浓度以 1000 mg·L^{-1} 为宜。

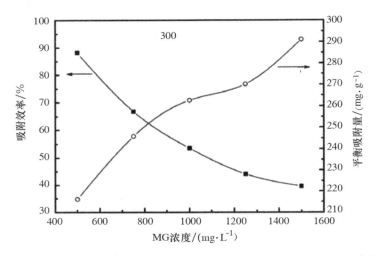

图 4-20　孔雀石绿初始浓度对 SMA-HT 吸附效率和平衡吸附量 (q_e) 的影响

Fig. 4-20　Influence of initial concentration of MG on removal efficiency and adsorption capacity of equilibrium (q_e) of SMA-HT

3. 吸附时间

(1) 试验条件　量取 100 mL 浓度为 1000 mg·L^{-1} MG 染料废水(pH 3.34)于 250 mL 锥形瓶中,投入用量约为 2.0 g·L^{-1} 的 SMA-HT,而后将锥形瓶置于空气浴摇床,调节温度为 35℃、振荡频率为 110 r·min^{-1},反应一定时间后取样测量。

(2) 试验变量　SMA-HT 对 MG 的吸附时间为 2 h、4 h、6 h、8 h、10 h、12 h、14 h、24 h、26 h、28 h。

(3) 试验结果　由图 4-21 可知,与 SMA、SMA-V、SMA-N 吸附阳离子染料部分的研究情况相似,SMA-HT 对孔雀石绿(MG)的吸附亦可分为两个阶段:第一阶段为快速吸附阶段;第二阶段为缓慢吸附阶段。从图 4-21 可知,3 种吸附剂对 MG 染料吸附的趋势大致相当。但就吸附量而言,SMA-HT 对 MG 的吸附在反应 6 h 时基本达到吸附平衡,吸附量高达 246.05 mg·g^{-1}。

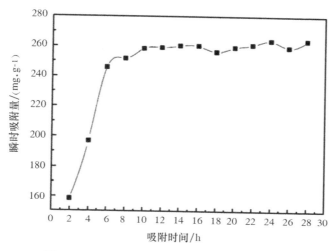

图 4-21 吸附时间对 SMA-HT 吸附量(q_t)的影响
Fig. 4-21 Influence of adsorption time on adsorption capacity (q_t) of SMA-HT

4. 初 始 pH

杨莹琴(2008)、陈慧娟(2009)、任建敏(2010)等报道,废水 pH 是决定吸附剂吸附量大小的主要影响因子之一。本节主要研究最优水热改性条件下制备得到的 SMA-HT 吸附净化不同 pH_0 条件下废水的效果,调整待测废水 pH_0 在 0.0~12.0,梯度间隔值约为 2.0。

(1)试验条件 量取 100 mL 浓度为 1000 mg·L^{-1} MG 染料废水于 250 mL 锥形瓶中,利用酸、碱调节其 pH,投入用量约为 2.0 g·L^{-1} 的 SMA-HT,而后将锥形瓶置于空气浴摇床,调节温度为 35℃、振荡频率为 110 r·min^{-1},反应 6 h 时取样测量。

(2)试验变量 调节待测染料废水 pH_0,分别为 0.0、2.0、4.0、6.0、8.0、10.0、12.0。

(3)试验结果 由图 4-22 可知,体系中 pH_0 对于 SMA-HT 吸附净化废水中 MG 染料存在显著性差异。随着染料溶液 pH_0 由 0.0 逐渐升高至 12.0,SMA-HT 对 MG 的平衡吸附量(q_e)先上升后下降,在 pH_0 为 6.0~8.0 时取得最大值($q_{e,max}$),约为 290 mg·g^{-1},较 SMA 的提高约 61%。鉴于浓度为 1000 mg·L^{-1} 的 MG 溶液 pH_0 约为 3.34,因此从能源节约的角度考虑,调节 MG 染料溶液 pH_0 为 6.0 时更为适宜。

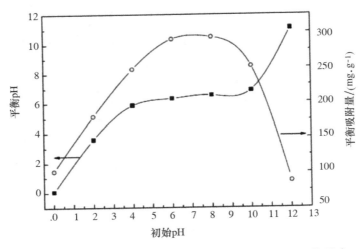

图 4-22　pH$_0$ 对 SMA-HT 平衡吸附量(q_e)和平衡 pH(pH$_e$)的影响
Fig. 4-22　Influence of pH$_0$ on adsorption capacity of equilibrium (q_e) and
equilibrium pH (pH$_e$) of SMA-HT

5. 吸附材料脱附再利用

将吸附饱和的 SMA-HT 在富氧气氛下 750℃ 焙烧 1 h,而后按"4. 初始 pH"部分试验条件,调节 MG 阳离子染料 pH$_0$ 为 6.0,循环使用 5 次,并与 SMA、SMA-N、SMA-V 3 种吸附材料循环使用的效果作比较研究。

图 4-23 为 SMA-HT 吸附 MG 前后外表面及横断面变化的 SEM 图,将之与图 4-15、图 4-16、图 4-17 对比后可以发现:脱附再生 1 次后,SMA-HT 外表面片状结构的受损程度虽较 SMA、SMA-V、SMA-N 严重,但孔道发育状况及孔壁的厚薄程度均优于 SMA、SMA-V、SMA-N。试验表明,再生一次循环使用,SMA-HT 对 MG 的 $q_{e,max}$ 高达 267.89 mg·g^{-1},而 SMA、SMA-V、SMA-N 对 MG 的 $q_{e,max}$ 仅分别为 178.92 mg·g^{-1}、188.98 mg·g^{-1}、167.98 mg·g^{-1}。虽然多次再生后 SMA-HT 外表面片状结构的受损程度更为严重,但仍保持良好的吸附性能。试验表明,5 次脱附再生循环利用后,SMA-HT 对 MG 的 $q_{e,max}$ 仍高达 207.97 mg·g^{-1}(图 4-24)。表明 SMA-HT 具有优异的再生和重复利用性能。

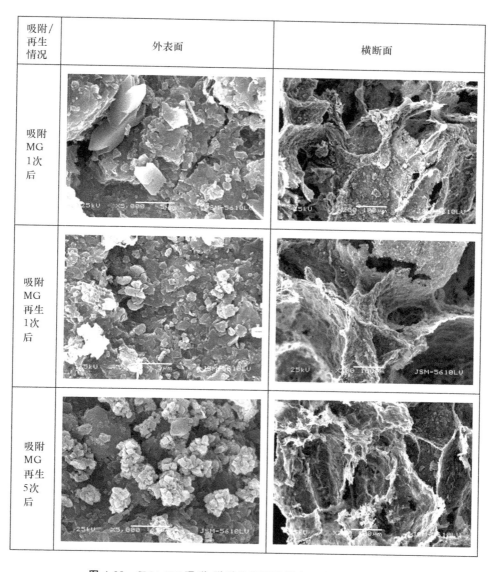

图 4-23　SMA-HT 吸附-脱附外表面及横断面变化 SEM 对比

Fig. 4-23　Variation of the SEM of adsorbed-desorbed SMA-HT's surface and cross section

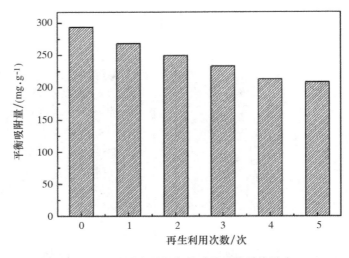

图 4-24　再生利用次数对吸附效果的影响

Fig. 4-24　Influence of recycling times on adsorptive capacity

4.4　本章小结

（1）系统研究了 pH 对最大吸收波长的影响，分别建立了不同 pH 范围浓度计算关系式，为精确评价吸附效果提供了量化工具。

（2）研究了吸附材料 SMA 对 4 种阳离子的吸附行为，确定了最佳吸附工艺参数下最大平衡吸附量。

SMA 吸附 MO、MB、MG、NR 4 种典型阳离子染料的最佳吸附工艺参数分别为：①吸附剂用量 5.0 $g \cdot L^{-1}$、7.5 $g \cdot L^{-1}$、5.0 $g \cdot L^{-1}$、5.0 $g \cdot L^{-1}$；②染料初始浓度 600 $mg \cdot L^{-1}$、600 $mg \cdot L^{-1}$、1000 $mg \cdot L^{-1}$、600 $mg \cdot L^{-1}$；③平衡吸附时间 6 h、24 h、6 h、22 h；④染料 pH_0 为 2.0、原始、8.0、6.0～7.0。此时，SMA 对 MO、MB、MG、NR 4 种阳离子染料的最大平衡吸附量（$q_{e,max}$）分别达到 113.74 $mg \cdot g^{-1}$、59.62 $mg \cdot g^{-1}$、185.10 $mg \cdot g^{-1}$、108.47 $mg \cdot g^{-1}$。

（3）研究了吸附材料 SMA-N、SMA-V、SMA-HT 对 MG 的吸附工艺条件，得出最大平衡吸附量。①SMA-N 吸附 MG 染料废水的最佳吸附工艺与 SMA-V 相同，均为：吸附剂用量 5.0 $g \cdot L^{-1}$，染料初始浓度 1000 $mg \cdot L^{-1}$，平衡吸附时间 8 h，染料 pH_0 为 8.0。此时，SMA-N 与 SMA-V 对于 MG 的最大平衡吸附量（$q_{e,max}$）分别达到 169.12 $mg \cdot g^{-1}$、191.74 $mg \cdot g^{-1}$。②SMA-HT 吸附 MG 染料废水的最

佳吸附工艺为:取浓度为 1000 mg·L^{-1} 的 MG 染料 100 mL,调节 pH$_0$ 为 6.0,吸附剂用量为 2.0 g·L^{-1},恒温 35℃吸附反应 6 h,SMA-HT 对 MG 最大吸附平衡量 $q_{e,max}$ 高达 290.45 mg·g^{-1}。

(4)SMA、SMA-V、SMA-N、SMA-HT 对 MG 的吸附研究比较:①4 种黏土基多孔颗粒材料 SMA、SMA-V、SMA-N、SMA-HT 对 MG 的最大平衡吸附量 ($q_{e,max}$)依次为:SMA-HT>SMA-V>SMA>SMA-N;②随着焙烧环境从富氧向无氧转变,黏土基多孔颗粒材料对阳离子染料(MG)的 $q_{e,max}$ 先上升后下降,表明缺氧气氛下制备得到的 SMA-V 吸附能力为最大。

(5)研究了 4 种吸附材料再生及其利用:①SMA 的再生工艺为:将吸附饱和的 SMA 在 750℃下富氧焙烧 1 h。5 次再生利用后 SMA 的平均质量损失率仅为 5.78%,而对于 MO、MB、MG、NR 的平衡吸附量(q_e)分别为 101.73 mg·g^{-1}、47.57 mg·g^{-1}、164.59 mg·g^{-1}、94.50 mg·g^{-1},显示制备的吸附材料不易散失。②SMA-N 与 SMA-V 的再生工艺为:将吸附饱和的 SMA-N 与 SMA-V 分别在无氧气氛及缺氧气氛条件下,真空管式气氛炉中 750℃焙烧 1 h。5 次再生利用后 SMA-N 及 SMA-V 的平均质量损失率分别为 2.42%、11.08%,而对于 MG 的平衡吸附量(q_e)分别下降为 165.03 mg·g^{-1}、180.76 mg·g^{-1},仍保留较高的吸附能力。③SMA-HT 的再生工艺为:将吸附饱和的 SMA-HT 在富氧气氛下 750℃焙烧 1 h。5 次再生利用后 SMA-HT 的平均质量损失及对含 MG 染料废水的吸附净化效果下降幅度明显大于 SMA、SMA-N、SMA-V 3 种黏土基多孔颗粒材料,但对 MG 的平衡吸附量(q_e)仍远大于这 3 种吸附材料,为 207.97 mg·g^{-1}。

总之,4 种黏土基多孔颗粒材料都具有优异的再生和重复利用性能及轻质无二次污染特性。

第5章 阳离子染料吸附作用机理研究

本章研究黏土基多孔颗粒材料对4种典型阳离子染料吸附行为、吸附动力学和热力学机制，建立关于吸附体系中平衡点 pH 的数学模型。为定性定量描述黏土基多孔颗粒材料吸附行为和机理提供理论依据。

5.1 水热改性黏土基多孔颗粒材料 SMA-HT 吸附机理

本部分主要利用第 3 章对黏土基多孔颗粒材料及其 3 种基材矿物（蒙脱石、累托石、偏高岭石）水热改性前后的产物进行微观表征分析结论，并结合吸附前、吸附后、脱附后的 SEM 分析及吸附前后 FT-IR 分析，旨在探讨水热改性提升黏土基多孔颗粒材料吸附阳离子染料性能的机理。

由图 5-1、图 5-2 所示，黏土基多孔颗粒材料经水热改性后，其中的蒙脱石、伊利石、累托石等层状硅酸盐矿物由于高温高压下的水化膨胀作用，其晶体结构沿 c 轴方向变松散，层间距增大。如蒙脱石的 d_{001} 值由 12.6176 增大为 16.2916；累托石的 d_{001} 值和 d_{002} 值由 24.0870 Å、12.1747 Å 分别增大为 26.7583 Å、13.4208 Å（见表 3-8）。因此 SMA-HT 与未改性的 SMA 相比，比表面积增加了 67.32%。

水热改性使黏土基多孔颗粒材料中蒙脱石层间距撑大，使与底氧相连的层间金属阳离子部分被交换出来，从而 SMA-HT 呈负电性，而这些交换出了金属阳离子的空位即为吸附阳离子染料的活性吸附位点。由图 5-3 可知：① 波数 1591 cm^{-1} 附近峰强度及峰型有所变化，为特有的芳环骨架振动引起的；② 1385 cm^{-1} 附近峰强度及峰型有所变化，为 Ar—N 键的伸缩振动引起的；③ 1170 cm^{-1} 附近的峰型有所变化，为 Ar—C 键的伸缩振动所引起的，以上三处出现的峰均为 MG 对应的特征吸收峰，说明 SMA-HT 对 MG 产生了吸附作用。

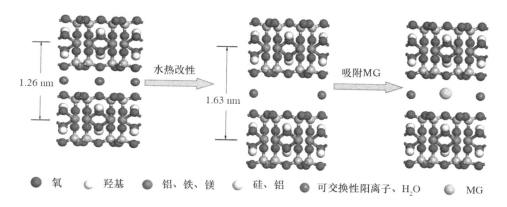

● 氧　　◖ 羟基　　● 铝、铁、镁　　◖ 硅、铝　　● 可交换性阳离子、H_2O　　○ MG

图 5-1　水热法对蒙脱石改性及层间吸附 MG 的机理示意图

Fig. 5-1　Diagrammatic mechanism of the modification of montmorillonite by hydrothermal and interlayer adsorption

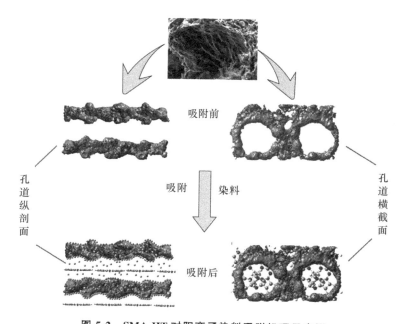

图 5-2　SMA-HT 对阳离子染料吸附机理示意图

Fig. 5-2　Schematic mechanism of SMA-HT adsorbing cationic dyes

SMA-HT 吸附后 FT-IR 图谱中 1035 cm^{-1} 附近的 Si—O 伸缩振动吸收峰及 903 cm^{-1} 附近的 Al—OH—Al 弯曲振动吸收峰的峰型和峰位置均发生了变化，

表明 SMA-HT 对 MG 产生了化学吸附作用,且该化学吸附作用发生在 SMA-HT 中蒙脱石、累托石的硅氧四面体层间及表面。

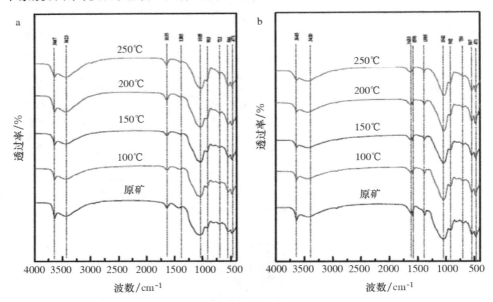

图 5-3　SMA-HT 吸附 MG 红外光谱图(a. 吸附前;b. 吸附后)

Fig. 5-3　FT-IR spectra of adsorbed MG by SMA-HT

(a. before adsorption;b. after adsorption)

　　SMA-HT 对阳离子染料的吸附以化学吸附为主,发育孔道引起的物理吸附为辅,且反应易于自发进行。因此,表现为水热改性后使 SMA-HT 的比表面积较未改性的 SMA 提升 67.32%,对 MG 的最大平衡吸附量($q_{e,max}$)提升近 60%,高达 290.45 mg·g^{-1},为 4 种黏土基多孔颗粒材料中的最大。

5.2　SMA、SMA-V、SMA-N 吸附机理

　　焙烧环境对黏土基多孔颗粒材料的组分、化学活性及孔结构改造具有重要影响。

5.2.1　活性基团调控

　　将 SMA、SMA-V、SMA-N 3 种黏土基多孔颗粒材料及其焙烧前驱体的 FT-IR 图谱(如图 3-18 所示)进行比较发现:①缺氧焙烧得到的 SMA-V,波数在 3646 cm^{-1} 处的 Al—OH 伸缩振动吸收带及 936 cm^{-1}、912 cm^{-1} 处的 Al—OH

弯曲振动吸收带的峰强度均得到了加强,无氧焙烧的 SMA-N 次之,富氧焙烧的 SMA 最差。且 Al—OH 基团易于与阳离子染料发生氢键结合,因此 SMA-V 对 MG 的吸附效果优于 SMA-N 及 SMA;②SMA-V 中 Si—O 弯曲振动的 517 cm^{-1} 和 469 cm^{-1} 两个吸收峰较焙烧前驱体样品有较大差别,表现为 517 cm^{-1} 处吸收峰向高频区移动了 30 个波数,469 cm^{-1} 处吸收峰分裂为两个吸收峰,说明缺氧焙烧时黏土基多孔颗粒材料中的晶体结构发生了变化,这与 XRD 图谱(如图 3-14、图 3-15 所示)分析的结论相一致。这是因为焙烧过程中加温至 500 ℃ 左右时,随着蒙脱石、累托石中表面吸附水、层间水的蒸发逸出,而缺氧条件下有利于特性矿物基材中 Si—O 键合蒙脱石、累托石中的 Al,形成 Si—O—Al 基团,因此表现为 517 cm^{-1} 处吸收峰向高频区移动了 30 个波数(517 cm^{-1} 处的吸收峰为 Si—O 弯曲振动引起的,而 547 cm^{-1} 处的吸收峰为 Si—O—Al 弯曲振动引起的)且 700 cm^{-1} 附近的 Si—O—Al 伸缩振动吸收带加强,表明缺氧焙烧对于促进黏土基多孔颗粒材料中 Si—O—Al 形成具有明显效果,而 Si—O—Al 基团由于电中性的 Si—O—Si 基团中的 Si 被 Al 部分取代呈负电性,对阳离子染料有良好的吸附活性。

因此,缺氧气氛中焙烧得到的 SMA-V 对阳离子染料(MG)具有很好的化学吸附作用,且占主导地位。因此表现为 SMA-V 材料的孔容(详见表 3-7)比 SMA 的减少约 42.60%,然而对 MG 的 $q_{e,max}$ 却提升了 3.58%。

5.2.2 膨胀石墨含量及其吸附活性调控

SMA-V、SMA-N 的 XRD 分析(如图 3-13 所示)可知,随着焙烧环境由缺氧向无氧转变,黏土基多孔颗粒材料中膨胀石墨保留量增加,而富氧焙烧得到的 SMA 中几乎未发现膨胀石墨,且这一现象在 SEM 图(如图 3-17 所示)中找到了一些相关证据。

FT-IR(如图 3-18 所示)分析发现,随着焙烧环境由富氧向无氧转变,黏土基多孔颗粒材料中羧甲基纤维素钠(CMC)的残留量亦增加,且这些残留的 CMC 极有可能与吸附在残留的膨胀石墨中,占据高能活化区。

5.2.3 孔道结构调控

随着焙烧环境由无氧向富氧转变,SMA-N、SMA-V、SMA 3 种吸附材料外表面完整性受破坏程度逐渐加重。究其原因主要是膨胀石墨被氧化程度逐渐增加。对于内表面的孔结构,SMA-N 及 SMA-V 的发育程度较高,主要表现为膨胀石墨的蜂窝状结构,但由于层状矿物造粒过程中存在择优取向的现象,而大鳞片状石墨经膨胀后,这一现象更为突出,虽然无氧焙烧有利于最大限度地保留膨胀石墨,却不利于形成发育程度较高的孔道,且这些保留下来的膨胀石墨极易在材料外表面形成一层"屏障",使得 SMA-N 中的孔多为闭孔,从而其比表面积、孔径、孔容等为最小(表 3-7)。

因此,焙烧环境中氧气对黏土基多孔颗粒材料结构改造及吸附性能的影响可归纳为:①当焙烧环境为富氧气氛时,不利于材料中膨胀石墨的保留,材料成型后其仅充当造孔剂,但有利于高能活化区在孔道表面暴露,促进材料的表面化学吸附作用。又由于该条件下累托石面 d_{001} 值由 24.3743 nm 缩小为 22.6554 nm,所以部分削弱了化学吸附作用;②当焙烧环境为缺氧气氛时,既有利于活性基团 Si—O—Al 和发育孔道的形成,又有利于吸附材料中膨胀石墨组分的保留,使 SMA-V 对阳离子染料的化学吸附和物理吸附协同达最佳,表现为 SMA-V 对 MG 的吸附性能为 3 种吸附材料中的最佳;③当焙烧环境为无氧气氛时,虽有利于材料中膨胀石墨最大限度地留存,但不利于材料中开孔的形成及高能活化区外露,使其比表面积、孔径、孔容及吸附阳离子能力等为最差。因此理论上分析可知,我们可通过控制焙烧环境中氧气的含量,使材料中的表面效应及膨胀石墨吸附效应得到优化配置,使孔道发育程度与吸附效率得到合理的兼顾。

5.3　吸附体系平衡点 pH 数学模型

黏土基多孔颗粒材料的 FT-IR 分析中可知,4 种材料中均存在一定量的 Si—OH 及 Al—OH 官能团,且 SMA-N、SMA-V 及 SMA-HT 经改性后增加了表面界面晶体缺陷,因此 4 种材料活性与水溶液 pH 密切相关(吴平霄,2004)。在分析阳离子染料 pH_0 对黏土基多孔颗粒材料吸附效果的影响时,发现当 pH_0 远离某个值时,反应达平衡后溶液中 $[H^+]$ 或 $[OH^-]$ 变化越显著(如图 4-9、图 4-14、图 4-19 所示),本书将该值定义为吸附体系平衡点 pH_E。因此,利用试验数据进行数学建模,通过理论计算寻求吸附剂对典型阳离子染料吸附的 pH_E,有效控制吸附过程。

1.模型假设

(1)在试验中,除反应体系 pH,其他影响因子如废水浓度、温度、外部环境条件等均处于同等水平;

(2)仅考虑黏土基多孔颗粒材料引起的废水 pH 变化,忽略其余影响因子对 pH 的贡献;

（3）忽略黏土基多孔颗粒材料中孔径大小、比表面积、开孔/闭孔等的差异。

2．定义变量

y：离平衡点的距离，酸性条件为正值，碱性条件为负值。即：当 pH_0 小于 7 时，$y = |\lg(\Delta[H^+])| + 7$；当 pH_0 大于 7 时，$y = |\lg(\Delta[OH^-])| - 7$。

x：溶液的 pH_0。

3．模型建立

根据上述条件假设及定义，建立数学模型如式（5-1）所示：

$$y = k(x - pH_E) \tag{5-1}$$

式中，k 为常数。

模型的线性关系如图 5-4 及图 5-5 所示，SMA、SMA-N、SMA-V、SMA-HT 4 种黏土基多孔颗粒材料对 MO、MB、MG 及 NR 4 种典型阳离子染料吸附的 k 值和 pH_E 值结果如表 5-1 所示。

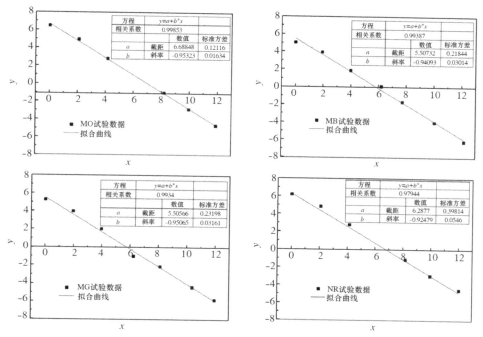

图 5-4　SMA 吸附 MO、MB、MG 及 NR 的数学模型分析图

Fig. 5-4　Linear relationship for SMA sorbing dyes of MO, MB, MG & NR based on modeling

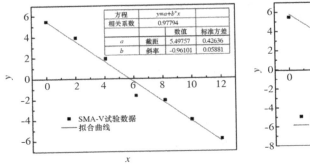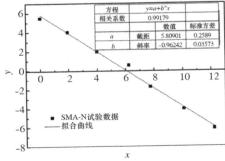

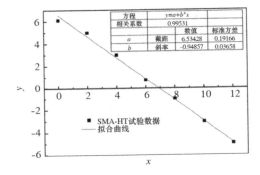

图 5-5　SMA-N、SMA-V 及 SMA-HT 吸附 MG 的数学模型分析图

Fig. 5-5　Linear relationship for SMA-N, SMA-V & SMA-HT sorbing MG based on modeling

表 5-1　SMA、SMA-N、SMA-V 及 SMA-HT 吸附 MO、MB、MG 及 NR 的 k 值和 pH_E 值

Table 5-1　Values of k and pH_E for SMA, SMA-N, SMA-V & SMA-HT

adsorbing dyes of MO, MB, MG & NR

吸附剂	吸附染料	k	pH_E
SMA	甲基橙（MO）	−0.95323	8.02
SMA	亚甲基蓝（MB）	−0.94093	5.85
SMA	中性红（NR）	−0.92479	6.80
SMA	孔雀石绿（MG）	−0.95065	5.79
SMA-N	孔雀石绿（MG）	−0.96242	6.04
SMA-V	孔雀石绿（MG）	−0.97794	5.62
SMA-HT	孔雀石绿（MG）	−0.94857	6.89

由图 5-4 及图 5-5 及表 5-1 的分析中可知,模型假设基本成立,且线性拟合程度均较高,相关系数(R^2)均大于 0.95。拟合直线与 x 轴的交点即为 pH_E,常数 k

为该拟合直线的斜率。

由表 5-1 中发现，黏土基多孔颗粒材料吸附 MG 及 NR 的 pH_E 与导致其获得最大平衡吸附量（$q_{e,max}$）时的 pH 范围相近，而 SMA 吸附 MO 及 MB 则没有发现这一规律。说明该模型的建立在某种程度上有助于指导关于吸附体系中 pH 的影响研究，但尚存在一些缺陷，有待进一步完善。

5.4 阳离子染料吸附机理

5.4.1 吸附等温线分析

为研究"黏土基多孔颗粒材料——阳离子染料"表面的交互作用，本节利用 Langmuir 和 Freundlich 两个常用的吸附等温线模型进行定量分析及预测。

（1）Langmuir 吸附等温线模型　Langmuir 吸附等温线模型最初来源于气体-固体界面的表面化学和选择性吸附。在外界温度不变的前提下，当染料分子在 SMA 上形成单层饱和吸附时（即吸附材料的一个吸附位点有且仅能被一个染料分子占据），吸附材料的吸附量达到最大值（q_{max}），且此时的吸附和脱附存在热力学动态平衡状态。Langmuir 吸附等温线方程表示为式（5-2）。

$$q_e = \frac{q_{max} K_L C_e}{1 + K_L C_e} \tag{5-2}$$

式中，q_e 为单位吸附剂的平衡吸附量（mg·g^{-1}），C_e 为当吸附反应达到平衡时溶液中吸附质的浓度（mg·L^{-1}），q_{max} 为吸附剂表面单层吸附的最大容量（mg·g^{-1}），K_L 为 Langmuir 常数（L·mg^{-1}）。

对于 Langmuir 模型，在特定条件下，等温线模型的形状取决于预先设定的吸附系统。依据 Hall 等的研究可知，有利的 Langmuir 吸附等温线系统可用无量纲因子或平衡常数 R_L 所描述，具体表达式见式（5-3）。

$$R_L = \frac{1}{1 + K_L C_i} \tag{5-3}$$

式中，C_i 为染料的初始浓度（mg·L^{-1}）。R_L 值相对于吸附等温线曲线分为 4 种可能性，即是当 $R_L = 0$ 时，为不可逆反应；当 $R_L = 1$ 时，为线性方程；当 $R_L > 1$ 时，为不利反应；当 R_L 值在 0～1 时，为有利反应。

（2）Freundlich 吸附等温线模型　与 Langmuir 吸附等温线模型不同，Freundlich 吸附等温线模型是用于描述复杂界面体系和可逆吸附体系，而不限制于描述单层界面反应的模型方程。表达式如式（5-4）所示。

$$q_e = K_F C_e^{\frac{1}{n}} \qquad (5-4)$$

式中，K_F 和 n 均为 Freundlich 吸附等温线常数，前者为吸附剂吸附量大小的量（即当 K_F 值越大，则吸附量越大），由吸附质/吸附剂的特性、环境温度及吸附剂用量等决定，为有量纲常数，单位为 $mg^{1-1/n} L^{1/n} g^{-1}$；后者为吸附模型的线性偏离度，与吸附液相/固相体系的性质有关，通常情况大于 1，为无量纲常数。文献表明，$1/n$ 决定吸附反应的强度和能量，若 $1/n$ 的值在 $0.1 \sim 0.5$，则吸附反应易于进行；若 $1/n$ 的值大于 2，则吸附反应难以进行。

1. SMA 吸附 4 种阳离子染料

将 Langmuir 和 Freundlich 两个吸附等温线模型与试验数据进行非线性拟合，MO、MB、MG 及 NR 4 种典型阳离子染料在 SMA 上吸附的吸附等温线如图 5-6 所示，模型的常数及其相关系数（R^2）如表 5-2 所示。通过图 5-6 的分析发现，Langmuir 吸附等温线模型与试验数据的非线性拟合程度高于 Freundlich 的，且相

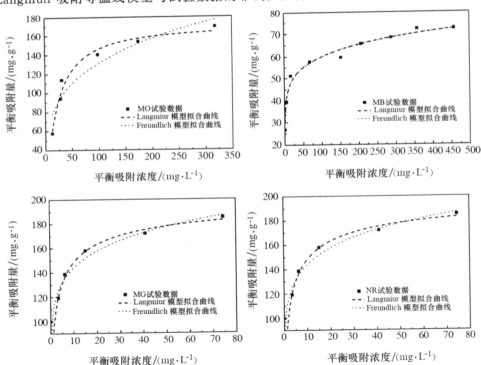

图 5-6　SMA 吸附 4 种阳离子染料的吸附等温线模型拟合［温度为（35±1）℃］

Fig. 5-6　Isotherms for the adsorption of four cationic dyes on SMA［at（35±1）℃］

关系数(R^2)均大于 0.94,说明 SMA 对上述 4 种阳离子染料表现出良好的表面单层化学吸附(周崎,2012)。

表 5-2 SMA 对 4 种阳离子染料的吸附等温线非线性拟合参数

Table 5-2 Nonlinear regression parameters of isotherms curves for the adsorption of four cationic dyes on SMA

染料名称	$q_{e,exp}$ /(mg·g^{-1})	Langmuir 模型			Freundlich 模型		
		$q_{max, fitted}$ /(mg·g^{-1})	K_L/ (L·mg^{-1})	R^2	n	K_F/(mg·g^{-1})· (mg·L^{-1})$^{-1/n}$	R^2
MO	113.74	170.83	0.02754	0.9592	3.89	40.24	0.8774
MB	59.62	104.40	0.33320	0.9526	8.02	33.74	0.9605
MG	185.10	205.19	0.69843	0.9833	7.70	106.78	0.9561
NR	108.47	161.32	0.29477	0.94165	6.28	50.19	0.9239

从表 5-2 中可以发现,用 Langmuir 吸附等温线模型对 SMA 吸附 MO、MB、MG 及 NR 4 种阳离子染料的曲线拟合数据来看,其最大吸附量($q_{max, fitted}$)参数分别为 170.83 mg·g^{-1}、104.40 mg·g^{-1}、205.19 mg·g^{-1} 及 161.32 mg·g^{-1},与试验的平衡吸附量($q_{e, exp}$)变化趋势一致,说明 SMA 对 4 种阳离子染料吸附能力的顺序依次为 MG>MO>NR>MB。Freundlich 吸附等温线模型中 K_F 表示吸附剂吸附能力大小,分析拟合参数数据可发现与 Langmuir 模型相一致的结论,即 K_F 由大到小排列的顺序亦为 MG>MO>NR>MB。另外,从表 5-2 中还可以发现,Freundlich 吸附等温线模型中 $1/n$ 的值均在 0.1~0.5,表明 SMA 吸附 4 种阳离子染料的反应易于进行。

图 5-7 是 Langmuir 吸附等温线模型中 R_L 值与 4 种阳离子染料初始浓度的关系图。从图中可知,SMA 对于 4 种阳离子染料的 R_L 值均在 0.8~1.0,表明在本试验条件下有利于吸附反应自发顺利进行,与 Freundlich 吸附等温线模型结论相一致。

2.4 种吸附剂吸附 MG

本节主要利用 Langmuir 和 Freundlich 两个吸附等温线模型分析不同制备条件下得的 4 种黏土基多孔颗粒材料对 MG 吸附性能的差异。通过对图 5-8 的分析,发现 SMA、SMA-N、SMA-V 及 SMA-HT 吸附 MG 的数据均能较好地被 Langmuir 等温吸附模型拟合,而 Freundlich 模型的拟合程度相对较低(如表 5-3

所示），表明 SMA、SMA-N、SMA-V 及 SMA-HT 对 MG 均表现出较强的化学吸附作用（周崎，2012）；这与本章 5.1 及 5.2 部分的分析结论相一致。

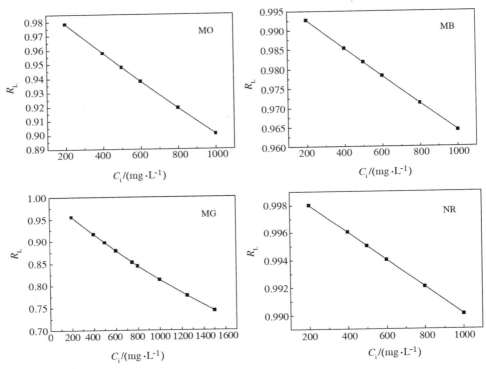

图 5-7　R_L 与 4 种阳离子染料初始浓度的关系图

Fig. 5-7　Relation curves of R_L vs. initial concentration of four cationic dyes

另外，从 Langmuir 吸附等温线模型对 SMA、SMA-N、SMA-V 及 SMA-HT 吸附 MG 的曲线拟合数据来看，其最大吸附量（$q_{max,\ fitted}$）参数分别为 205.19 mg·g^{-1}、188.93 mg·g^{-1}、335.23 mg·g^{-1} 及 625.15 mg·g^{-1}，与试验的最大吸附量（$q_{max,\ exp}$）变化趋势一致（如表 5-3 所示），则 4 种黏土基多孔颗粒材料对 MG 吸附能力的顺序依次为 SMA-HT＞SMA-V＞SMA＞SMA-N。Freundlich 吸附等温线模型中 K_F 表示吸附剂吸附能力大小，分析拟合参数数据可发现与 Langmuir 模型相一致的结论，即 K_F 由大到小排列的顺序亦为 SMA-HT＞SMA-V＞SMA＞SMA-N。另外，从表 5-3 中还可以发现，Freundlich 吸附等温线模型中 $1/n$ 的值均在 0.1～0.5，表明 4 种黏土基多孔颗粒材料吸附阳离子染料 MG 的反应易于进行。

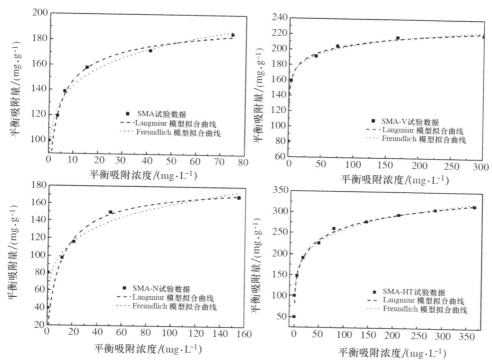

图 5-8　4 种吸附剂吸附孔雀石绿的吸附等温线模型拟合［温度为 (35 ± 1) ℃］

Fig. 5-8　Adsorption isotherms of MG on four adsorbents ［at (35 ± 1) ℃］

表 5-3　4 种吸附剂吸附孔雀石绿的吸附等温线曲线非线性拟合参数

Table 5-3　Nonlinear regression parameters of isotherms curves for
the adsorption of MG on four adsorbents

吸附剂名称	$q_{max, exp}$ /(mg·g^{-1})	Langmuir 模型			Freundlich 模型		
		$q_{max, fitted}$ /(mg·g^{-1})	K_L/ (L·mg^{-1})	R^2	n	K_F/(mg·g^{-1})· (mg·L^{-1})$^{-1/n}$	R^2
SMA	185.10	205.19	0.69843	0.9833	7.70	106.78	0.9561
SMA-N	173.88	188.93	0.14034	0.9805	5.02	63.79	0.9171
SMA-V	209.43	335.23	0.72415	0.9814	13.39	146.15	0.9805
SMA-HT	290.45	625.15	0.20268	0.9938	5.89	118.68	0.9902

　　图 5-9 是 4 种吸附剂 Langmuir 吸附等温线模型中 R_L 值与孔雀石绿初始浓度的关系图。从图中可知,SMA、SMA-N、SMA-V 及 SMA-HT 4 种吸附剂对于 MG 的 R_L 值在 0.5～0.99,表明在本节试验条件下有利于吸附反应顺利进行,与

Freundlich 吸附等温线模型结论相一致。另外,从图 5-9 中还发现 SMA-V 的 R_L 值最大且范围最窄。

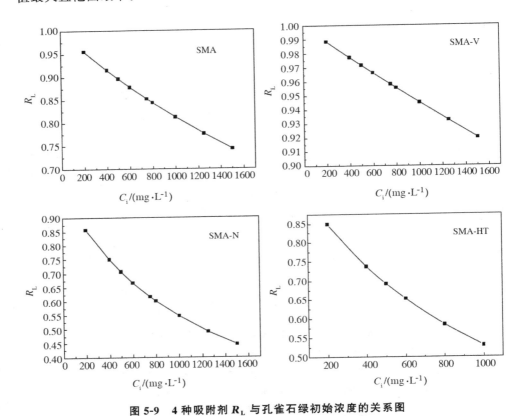

图 5-9　4 种吸附剂 R_L 与孔雀石绿初始浓度的关系图

Fig. 5-9　Relation curves of R_L of four adsorbents vs. initial concentration of MG

5.4.2　吸附动力学分析

为了研究废水中染料在黏土基多孔颗粒材料上的静态吸附过程的调控机理及其动力学吸附行为,本节将对 SMA、SMA-N、SMA-V 及 SMA-HT 吸附 MO、MB、MG、NR 的动力学性能方面进行讨论,定量分析以上 4 种黏土基多孔颗粒材料吸附废水中典型阳离子染料行为随时间变化的情况,从而揭示吸附材料结构与吸附性能之间的关系,并通过模型对其吸附过程和吸附结果进行预测。

本节主要利用两种动力学模型[准一级动力学模型(Pseudo-first-order kinetic model)和准二级动力模型(Pseudo-second-order kinetic model)]进行分析比较研

究,从中找寻一种更为适宜的模型对黏土基多孔颗粒材料的吸附废水中阳离子染料行为的动力学进行分析。

(1)准一级动力学模型　准一级动力学方程是基于以下假设提出并建立的,即引起体系中吸附质变化的影响因素是时间,且当吸附质为溶质时受体系中饱和溶液浓度差异的影响。相关模型表达式如式(5-5)所示。

$$q_t = q_e(1 - e^{-k_1 t}) \tag{5-5}$$

式中,q_t 为 t 时刻单位黏土基多孔颗粒材料吸附废水中染料的质量(mg·g^{-1});t 为反应时间(min);k_1 为准一级动力学模型常数(min^{-1})。

从准一级动力学模型的计算公式可知,在已知吸附体系的外部环境因素前提下,确定单位吸附材料的平衡吸附量(q_e),则可判断单位吸附量(q_t)与对应的吸附时间是否符合理论模型。然而,由于吸附达平衡的过程十分缓慢,q_e 很难精确测量。因此,在实际操作过程中,常利用单位吸附量(q_t)与吸附时间的试验数据进行线性或非线性拟合,分析拟合程度,判断是否符合准一级动力学模型,并通过理论计算出吸附剂在某种特定的条件下吸附污染物的理论平衡吸附量(q_{e1})。

(2)准二级动力学模型　准二级动力学模型表达式如式(5-6)所示。

$$q_t = \frac{k_2 q_e^2 t}{1 + k_2 q_e t} \tag{5-6}$$

式中,k_2 为准二级动力学模型的动力学吸附速率常数(g·mg^{-1}·min^{-1})。

利用准一级动力学模型及准二级动力学模型系统深入探讨黏土基多孔颗粒材料对 4 种典型阳离子染料吸附随时间的变化情况,模型拟合曲线如图 5-10 与图 5-11 所示,相关动力学模型参数详见表 5-4。

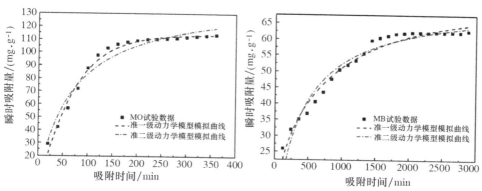

图 5-10　SMA 对 4 种阳离子染料吸附动力学模型曲线[温度为(35±1)℃]

Fig. 5-10　Fitting dynamic models for the adsorbed four cationic dyes on SMA [at(35±1)℃]

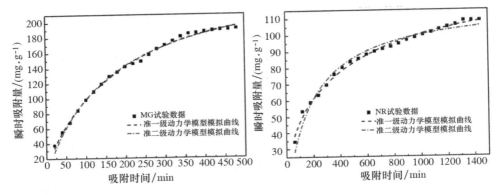

续图 5-10

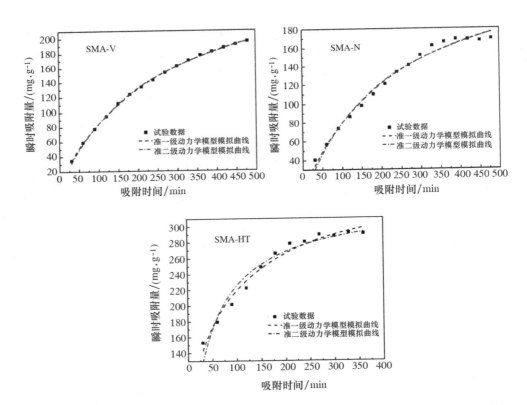

图 5-11　SMA-V、SMA-N、SMA-HT 吸附孔雀石绿的动力学模型拟合曲线［温度为（35±1）℃］

Fig. 5-11　Fitting dynamic models for the adsorbed MG on the adsorbents of SMA-V，

SMA-N, SMA-HT ［at（35±1）℃］

表 5-4　SMA、SMA-N、SMA-V 及 SMA-HT 吸附 4 种染料的动力学模型拟合参数
Table 5-4　Fitting parameters of dynamic model to the adsorbed four dyes on
SMA, SMA-N, SMA-V and SMA-HT

吸附剂	染料	$q_{e, exp}$ /(mg·g^{-1})	准一级动力学模型			准二级动力学模型		
			q_{e1} /(mg·g^{-1})	k_1 /min^{-1}	R^2	q_{e2} /(mg·g^{-1})	k_2/ (mg·g^{-1}·min^{-1})	R^2
SMA	MO	113.74	114.04	0.01649	0.9857	142.29	$1.0×10^{-4}$	0.9529
SMA	MB	59.62	67.76	0.00077	0.9717	71.72	$3.8×10^{-5}$	0.9425
SMA	NR	108.47	119.65	0.00106	0.9935	119.44	$4.3×10^{-5}$	0.9769
SMA	MG	185.10	218.47	0.00408	0.9965	263.24	$2.3×10^{-5}$	0.9943
SMA-V	MG	191.74	236.06	0.00332	0.9996	300.94	$1.3×10^{-5}$	0.9991
SMA-N	MG	169.12	206.49	0.00352	0.9868	258.33	$1.7×10^{-5}$	0.9841
SMA-HT	MG	290.45	321.17	0.00495	0.9732	331.10	$6.4×10^{-5}$	0.9455

分析表 5-4 可以发现,准一级动力学模型与试验数据的非线性拟合程度更佳,相关系数(R^2)均大于 0.97,且通过准一级动力学模型得到的平衡吸附量理论计算值(q_{e1})与试验数据更接近,进一步说明准一级动力学模型更适宜用于描述 SMA 吸附阳离子染料随时间变化的行为过程。

另外,综合分析图 5-10、图 5-11 与表 5-4 还可发现,准一级动力学模型得出的 SMA、SMA-N、SMA-V、SMA-HT 吸附 4 种典型阳离子染料的平衡吸附量理论计算值(q_{e1})大小顺序与试验数据($q_{e,exp}$)趋势相一致。因此准一级动力学模型适用于描述 4 种黏土基多孔颗粒材料吸附净化含以上 4 种典型阳离子染料废水随时间变化的行为过程。

5.4.3　吸附热力学分析

吸附剂-吸附质体系的反应过程始终伴随着放热或吸热等能量变化,其他一系列反应也同时伴随着,其中,吸附热的大小以及吸附热的变化反映了吸附作用力(或吸附键)的强弱和吸附作用力的改变,因此,吸附热是整个吸附过程中能量变化的综合反映(李哲,2010)。

鉴于 SMA、SMA-N、SMA-V 及 SMA-HT 吸附 MO、MB、MG、NR 4 种典型阳离子染料的规律符合 Langmuir 吸附等温线模型,因而本节选用 Gibbs 自由能

变模型进行研究。

通过不同温度（288K、298K、308K、318K）条件下 SMA 吸附 4 种阳离子染料的数据分析,计算出相关热力学状态参数,即吉布斯自由能变（ΔG^{θ}）、熵变（ΔS^{θ}）、焓变（ΔH^{θ}）3 个参数,计算式可参见式(5-7)和式(5-8)。

$$\Delta G^{\theta} = -RT\ln(10^{6}K_{L}) \tag{5-7}$$

$$\Delta G^{\theta} = \Delta H^{\theta} - T\Delta S^{\theta} \tag{5-8}$$

式中,R（8.314 J·mol^{-1}·K^{-1}）为气体常量;T 为开氏温度,K;K_{L} 为 Langmuir 常数,L·mg^{-1}。在等温定压且系统不做非体积功条件下发生的过程,若:$\Delta G^{\theta} < 0$,发生的过程能自发进行;$\Delta G^{\theta} = 0$,系统处于平衡状态;$\Delta G^{\theta} > 0$,过程不能自发进行。

SMA、SMA-N、SMA-V 及 SMA-HT 分别对 4 种典型阳离子染料的吸附热力学分析详见图 5-12、图 5-13 和表 5-5。在 15～45℃试验条件下,4 种黏土基多孔颗

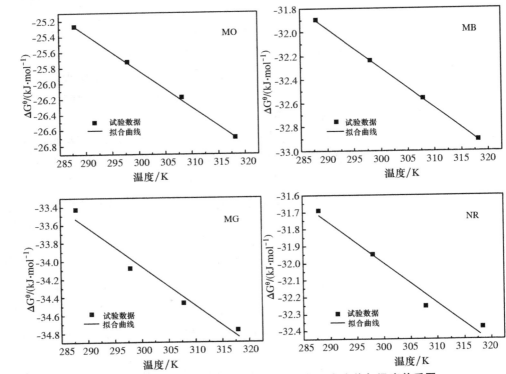

图 5-12　SMA 吸附 4 种阳离子染料的吉布斯自由能与温度关系图

Fig. 5-12　Relation between ΔG^{θ} and T for the adsorbed four cationic dyes on SMA

粒材料热力学参数变化趋势均相似,即吉布斯自由能变(ΔG^{θ})小于零、焓变(ΔH^{θ})小于零、熵变(ΔS^{θ})大于零,说明其对于 MO、MB、MG 及 NR 4 种典型阳离子染料的吸附均能自发地进行。另外,ΔH^{θ} 均小于零,说明上述吸附均属于放热过程。仔细比较还可发现:SMA-N、SMA-V、SMA-HT 吸附 MG 的 ΔH^{θ} 绝对量明显低于 SMA,即相同吸附条件下,SMA-N、SMA-V、SMA-HT 吸附过程的单位放热量明显低于 SMA,表明由于膨胀石墨的作用,可使其吸附阳离子染料的单位放热量降低,然而据刘成宝(2007)报道膨胀石墨对于阳离子染料的吸附应属于放热过程,因此,膨胀石墨与黏土基多孔颗粒材料结合使用后可有效降低吸附过程中的单位放热量,从而增加体系中的物理吸附。

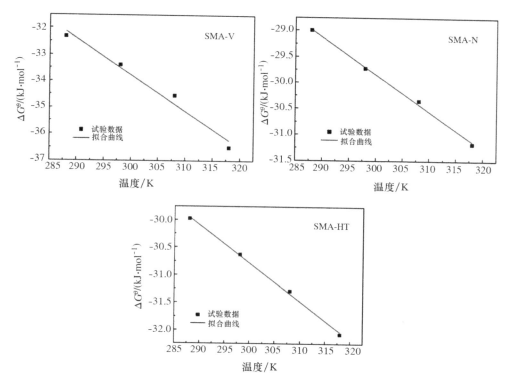

图 5-13 SMA-V、SMA-N、SMA-HT 吸附 MG 的吉布斯自由能与温度关系图
Fig. 5-13 Relation between ΔG^{θ} and T for the adsorbed on SMA-V, SMA-N, SMA-HT

表 5-5 4 种黏土基多孔颗粒材料吸附 MO、MB、MG 及 NR 染料的热力学参数

Table 5-5 Thermodynamic parameters for the adsorption dyes of MO, MB, MG & NR on four adsorbents of the special-property mineral

吸附剂	染料	温度/K	ΔG^{θ} / $(\text{kJ} \cdot \text{mol}^{-1})$	ΔH^{θ} / $(\text{kJ} \cdot \text{mol}^{-1})$	ΔS^{θ} / $(\text{kJ} \cdot \text{mol}^{-1} \cdot \text{K}^{-1})$	R^2
SMA	甲基橙 （MO）	288	−25.271	−11.5371	0.0476	0.9978
		298	−25.729			
		308	−26.179			
		318	−26.709			
SMA	亚甲基蓝 （MB）	288	−31.905	−22.2517	0.0335	0.9996
		298	−32.239			
		308	−32.563			
		318	−32.914			
SMA	中性红 （NR）	288	−31.698	−25.0025	0.0233	0.9660
		298	−31.951			
		308	−32.249			
		318	−32.376			
SMA	孔雀石绿 （MG）	288	−33.432	−20.8906	0.0438	0.9548
		298	−34.076			
		308	−34.458			
		318	−34.767			
SMA-V	孔雀石绿 （MG）	288	−32.322	−7.4475	0.0882	0.9649
		298	−33.387			
		308	−34.551			
		318	−36.515			
SMA-N	孔雀石绿 （MG）	288	−28.995	−8.3354	0.0717	0.9959
		298	−29.722			
		308	−30.349			
		318	−31.176			
SMA-HT	孔雀石绿 （MG）	288	−29.978	−9.9373	0.0694	0.9969
		298	−30.632			
		308	−31.290			
		318	−32.075			

5.5　本章小结

（1）研究了水热改性黏土基多孔颗粒材料 SMA-HT 对阳离子染料的吸附机理，揭示了水热改性对特性矿物结构改造、提高化学活性的本质特征。水热改性使层状硅酸盐矿物晶体结构沿 c 轴方向变松散，层间距增大使与底氧相连的层间金属阳离子部分被交换出来，从而 SMA-HT 呈负电性，为高效吸附阳离子染料创造出更多的活性吸附位点，使 SMA-HT 对阳离子染料的吸附以化学吸附为主，发育孔道引起的物理吸附为辅，且反应易于自发进行。

（2）提出控制焙烧环境中氧气的构想，系统研究了对矿物结构改造及孔道调控的机制。①富氧焙烧时，石墨被氧化逸出，仅能起到造孔剂作用；使累托石 d_{001} 值由 24.3743 nm 缩小为 22.6554 nm；②缺氧环境焙烧时，一是有利于活性基团 Si—O—Al 的形成；二是有利于部分膨胀石墨氧化生成 CO_2，使孔道连通、闭孔减少；三是有利于累托石层间距增大；四是有利于在吸附材料中固定吸附性能高的膨胀石墨；③无氧焙烧时，随着有利于膨胀石墨最大限度保留及累托石层间距增大，但导致吸附剂造粒时微细粒黏土进入矿物层间的机会增多，一定程度上降低了材料孔隙率，并导致比表面积、孔径、孔容减小及阳离子吸附能力下降。

（3）首次对吸附体系中 pH_E 建立数学模型分析，结果为：①SMA 吸附 MO、MB、MG、NR 4 种阳离子染料时，对应的 pH_E 分别为：8.02、5.85、5.79、6.80，k 分别为：−0.95323、−0.94093、−0.95065、−0.92479；②SMA-N、SMA-V、SMA-HT 吸附 MG 时，pH_E 分别为 6.04、5.62、6.89，k 值分别为：−0.96242、−0.97794、−0.94857。

（4）吸附等温线模型分析表明：Langmuir 吸附等温线模型中 R_L 值均在 0.4～1.0，Freundlich 吸附等温线模型中 $1/n$ 的值均在 0.1～0.5，两模型分析均表明 4 种黏土基多孔颗粒材料吸附 4 种典型阳离子染料反应易于自发进行。Langmuir 模型能较好地描述上述吸附反应过程，且吸附过程以化学吸附为主。

Langmuir 吸附等温线模型分析表明：①SMA 吸附 MO、MB、MG、NR 4 种阳离子染料的最大吸附量（$q_{max, fitted}$）参数分别为 170.83 mg·g^{-1}、104.40 mg·g^{-1}、205.19 mg·g^{-1}、161.32 mg·g^{-1}；②SMA-N、SMA-V、SMA-HT 吸附 MG 的最大吸附量（$q_{max, fitted}$）参数分别为 188.93 mg·g^{-1}、335.23 mg·g^{-1}、625.15 mg·g^{-1}，且上述最大吸附量（$q_{max, fitted}$）与试验的平衡吸附量（$q_{e, exp}$）变化趋势一致。

（5）吸附动力学模型分析表明：准一级动力学模型能更好地用于分析 SMA、SMA-N、SMA-V 及 SMA-HT 吸附 MO、MB、MG、NR 随时间变化的行为过程，即未达饱和吸附之前,吸附量随时间延长而增大,但增长速率减小。

(6)吸附热力学模型分析表明:①Gibbs 自由能变(ΔG^{θ})均小于零,焓变(ΔH^{θ})均小于零,说明了吸附体系为放热反应,且加热有利于反应自发进行,揭示了增加吸附体系温度,有利于材料吸附官能团的活化和吸附位点的增加;②熵变(ΔS^{θ})均大于零,固-液界面系统的自由度增加,提高了黏土基多孔颗粒材料对阳离子染料的吸附能力。

第6章　净化处理石英纯化废水的应用研究

　　石英纯化废水是制备现代高科技领域不可替代的多功能材料——超高纯石英的过程中原料纯化所产生的工业废水,为复杂体系的重金属离子及氟离子污染水体。若直接排放,势必将对动物、植物及人体都造成危害。本章在前几章研究的基础上,结合课题组前期研究成果,制备了一种适宜净化处理石英纯化废水的黏土基多孔颗粒材料(MPGM),并分别探讨 MPGM 对废水中 4 种重金属(Fe、Mn、Zn、As)及氟离子的净化效果及应用机理。

6.1　黏土基多孔颗粒材料(MPGM)制备

　　黏土基多孔颗粒材料(MPGM)的制备方法为:将蒙脱石、石墨、硅藻土、石灰石与黏结剂(CMC)按一定比例均匀混合,加入适量的水并搅拌均匀,造粒制成设定粒径球状颗粒材料(ϕ 8 mm),低温慢速干燥,得到复合吸附材料基体。将该基体置于马弗炉中,控制升温速度为 $300℃\cdot h^{-1}$,$850℃$,焙烧 3 h,便得到 MPGM。具体制备方法详见雷绍民(2012)专利报道。

6.2　吸附性能评价

6.2.1　重金属离子

　　将 100 mL 待处理的石英纯化废水加入 250 mL 锥形瓶中,再加入已知质量的 MPGM 并将锥形瓶封口,放入恒温空气浴振荡器中反应一段时间(振荡频率为 $120\ r\cdot min^{-1}$),后滤除 MPGM 并将滤液以 $5000\ r\cdot min^{-1}$ 的速度离心 5 min,用等离子发射光谱仪测定其中各残留重金属离子的含量(战锡林,2011)。并依式(6-1)

计算各重金属离子的吸附效率：

$$\eta_M = \frac{c_0 - c_e}{c_0} \times 100\% \qquad (6-1)$$

式中，η_M 为各重金属离子的吸附效率，%；c_0 为石英纯化废水中各重金属离子的初始浓度，$mg \cdot L^{-1}$；c_e 为吸附后各重金属离子的残留浓度，$mg \cdot L^{-1}$。

6.2.2 氟离子

在 100 mL 锥形瓶中加入 20 mL 待处理的高氟选矿废水，并加入一定量的 MPGM，放入恒温空气浴振荡器中反应一段时间，后滤除 MPGM 并将滤液以 5000 $r \cdot min^{-1}$ 的速度离心 5~10 min，将上清液采用 702 型复合氟离子电极测定电位，而后利用标准加入法计算其中残留 F⁻ 浓度（王恩文，2015）。并依式（6-2）计算氟离子的吸附效率：

$$\eta_F = \frac{c_0 - c_e}{c_0} \times 100\% \qquad (6-2)$$

式中，η_F 为氟离子的吸附效率，%；c_0 为氟离子的初始浓度，$mg \cdot L^{-1}$；c_e 为吸附平衡后氟离子的残留浓度，$mg \cdot L^{-1}$。

由于未焙烧的 MPGM 遇水后几乎全散，因此本章未做焙烧前后 MPGM 吸附性能对比研究。

6.3 石英纯化废水检测

本节试验所用选矿废水为实验室石英纯化废水，检测结果如下。

6.3.1 pH

通过 pHS-3D 型 pH 计对石英纯化废水水样的进行检测，其 pH 为 0.14，显强酸性。

6.3.2 重金属离子含量

通过等离子发射光谱仪检测石英纯化废水水样，重金属离子含量如表 6-1 所示。测试结果表明：重金属离子成分复杂，且总含量高达 88.118 $mg \cdot L^{-1}$，尤以 Fe、Zn、Mn、As 离子含量高，浓度远高于工业废水综合排放标准（GB 8978—2002）。本章主要讨论含量高的 4 种重金属离子吸附净化特性与机制。

表 6-1　废水中重金属离子分析

Table 6-1　Investigation of heavy metal ions in industrial wastewater　　mg·L^{-1}

离子	浓度	离子	浓度	离子	浓度
Ti	0.676	Cr	0.518	Zn	3.700
W	0.079	Cu	0.083	Bi	0.032
Sb	0.076	Fe	77.76	Cd	0.043
As	0.963	Mn	2.789	Sr	0.230
Ba	0.030	Ni	0.096	Zr	0.752
Co	0.041	V	0.250	$\sum$	88.118

6.3.3　氟离子含量

通过复合氟离子电极法检测石英纯化废水水样,F^{-}含量高达 3590 mg·L^{-1}。

6.4　MPGM 性能表征

6.4.1　物理性能

从表 6-2 中可知,MPGM 具有多孔性、低散失性,且抗压强度及比表面积均较大等特点。其中,低散失率(0.74%)和高抗压强度(2.53 MPa)特性对再生利用极为有利。如图 6-1 所示,按照 IUPAC 分类(Sing,1985),MPGM 的 N$_2$ 吸附-脱附等温线为Ⅲ型,表明待测样品主要存在较多的介孔(孔径范围为 2～50 nm)及少部分的大孔(孔径大于 50 nm 的孔)(Lee,2010),且在 3.5 nm 附近呈现一个宽度较窄的尖峰,有利于特性吸附。另外,在 0.50～0.95 的高压区域存在 H4 型回滞环,与层状矿物堆积形成的狭缝型孔有关。

表 6-2　MPGM 物理性能测试结果

Table 6-2　Results of physical characteristics of MPGM

测试项	比表面积/ (m^2·g^{-1})	孔体积/ (cm^3·g^{-1})	微介孔平均孔径/ nm	抗压强度/ MPa	孔隙率 /%	散失率 /%
结果	12.00	0.0674	22.4732	2.53	63.04	0.74

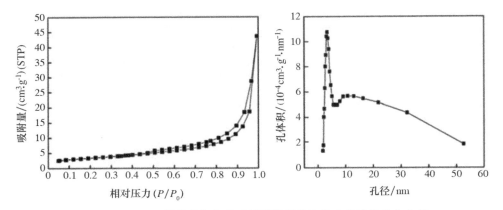

图 6-1　MPGM 样品的氮气吸附脱附等温线和相应的孔径分布曲线

Fig. 6-1　N₂ adsorption-desorption isotherms and the pore size distribution

curves for the sample of MPGM

6.4.2　形貌结构分析

图 6-2 为焙烧前后 MPGM 表面及横断面的扫描电子显微镜形貌图。从中可见，焙烧前后吸附材料各组分均匀分布，材料的骨架结构硅质矿物保持完好的晶体形貌特征。比较四幅图可发现，焙烧后的 MPGM 表面的孔结构发育十分好，归因于焙烧使基材中有机物挥发，炭质矿物中的 C 元素氧化为 CO_2，以及表面吸附水、层间水、结构水的逸出。

另外，由图 6-2 中还可以发现，MPGM 的孔分布较为广泛，且 90％为 20～

（1）、（2）均为未焙烧样品，其中（1）为外表面，×100，（2）为横断面，×2000；（3）、（4）为 850℃焙烧 3 h 样品，其中（3）为外表面，×100，（4）为横断面，×2000

图 6-2　MPGM 的 SEM 图像

Fig. 6-2　Images of SEM for the MPGM

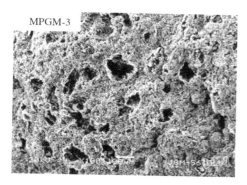

续图 6-2

$60~\mu m$ 的微米孔,亦有微介孔分布(详见表 6-2 及图 6-1)。大量孔洞的形成,造成 MPGM 内外表面形成晶格缺陷,成为不饱和键聚集区,该区实际上是一个能量过剩的活性区,具有极大的化学活性(陈建华,2012;He,2013)。

6.4.3 官能团分析

MPGM 官能团分析是利用美国 Nicolet 公司的 IS-10 型傅立叶变换红外光谱仪进行测试分析(如图 6-3)。波数 3453 cm^{-1} 处为水分子中羟基的对称伸缩振动特征吸收峰;1633 cm^{-1} 为水分子 H—O—H 弯曲振动特征吸收峰,1085 cm^{-1} 和

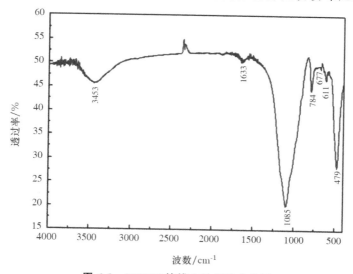

图 6-3 MPGM 的傅立叶红外光谱图

Fig. 6-3 Fourier Transform Infra-Red spectrum of MPGM

784 cm^{-1} 分别为材料中 Si—O—Si 的对称伸缩振动和弯曲振动特征吸收峰；677 cm^{-1} 为材料中 Si—O—Al 的伸缩振动特征吸收峰；611 cm^{-1} 和 479 cm^{-1} 分别对应的是 Si—O—AlVI 弯曲振动和 Si—O—Fe 伸缩振动特征吸收峰（Tireli，2014；Bieseki，2013）。综上可知，MPGM 官能团以层状硅酸盐矿物的基团为主且 Fe 元素含量较高。

6.5 MPGM 净化石英纯化废水中重金属离子研究

6.5.1 MPGM 用量影响

在空气浴振荡器中，调节频率为 120 r·min^{-1}，温度为 35℃，反应时间为 120 min 的条件下，研究 MPGM 用量对石英纯化废水中重金属离子吸附效率的影响。结果如图 6-4 所示。

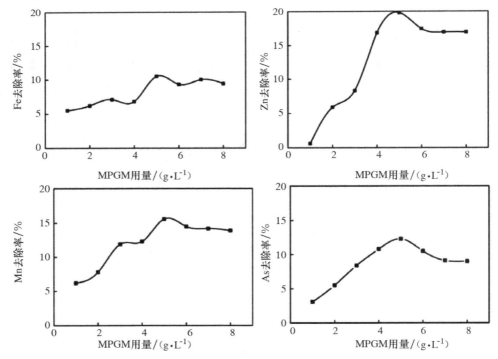

图 6-4 MPGM 用量对重金属离子吸附效果的影响

Fig. 6-4 Influence of the MPGM dosage on adsorptive capacity of heavy metallic ions

由图 6-4 可知,随着 MPGM 用量从 $1.0\ \mathrm{g \cdot L^{-1}}$ 增加到 $8.0\ \mathrm{g \cdot L^{-1}}$ 时,对各重金属离子的吸附效率整体呈上升趋势。当低于 $5.0\ \mathrm{g \cdot L^{-1}}$ 时,随吸附剂用量增加,Fe、Mn、As、Zn 的去除率明显上升,Zn 和 Mn 尤为显著,而由于 MPGM 中 Fe 元素含量较高,因此 Fe 的去除率呈缓慢、波动式上升;当 MPGM 用量约为 $5.0\ \mathrm{g \cdot L^{-1}}$ 时,4 种重金属离子的去除效率均达最高值,而后 MPGM 对 4 种离子的吸附效率略有下降;当用量超过 $6.0\ \mathrm{g \cdot L^{-1}}$ 时,该值趋于平衡。究其原因,极有可能是因为石英纯化废水的污染物成分复杂,不同于实验室模拟的单一污染物体系,因此 MPGM 的表面效应、孔道效应、离子交换效应、水合效应、纳米效应等协同或抑制作用亦较为复杂,而当 MPGM 用量为 $5.0\ \mathrm{g \cdot L^{-1}}$ 时前述效应的协同作用对 4 种重金属离子的去除达到一个最优组合,因此均出现去除率的最大值。

纵观 MPGM 对 4 种重金属离子的吸附规律,吸附效率由高到低依次为 Zn＞Mn＞Fe＞As。其中,重金属离子竞争吸附是不可避免的,如:①当重金属离子具有相同的核电荷数时,半径大的离子可在 pH 低的情况下优先吸附;②对于相同电荷的重金属离子,吸附效率高低依次为二价金属:$Zn^{2+}＞Mn^{2+}$,三价金属:$Fe^{3+}＞As^{3+}$;③竞争吸附与重金属离子半径相关,几种重金属离子半径可参见表 6-3。在电荷效应的影响下,会使 MPGM 活性位的电子云发生变化而更易吸引重金属离子,其由于重金属离子的静电斥力而具有离解趋势。半径较大的重金属离子的极化率大,变形性也大,而水分子本身也有很大的变形性,会使它们之间发生附加极化效应,其结果会促使原有的配位键过渡到共价键,增大 MPGM 对半径较大的重金属离子的吸附能力(Repo,2013;Wu,2009)。

表 6-3 几种重金属离子半径对照表

Table 6-3 Ionic radius of heavy metals

重金属离子	As^{3+}	Fe^{3+}	Mn^{2+}	Zn^{2+}
半径/pm	58	64.5	67	74

6.5.2 pH 影响

用浓度均为 $1.0\ \mathrm{mol \cdot L^{-1}}$ 的 NaOH 和 HCl 调节石英纯化废水的 pH 分别约为 2.0 ± 0.1、4.0 ± 0.1、6.0 ± 0.3、8.0 ± 0.3 和 10.0 ± 0.1,MPGM 用量为 $5.0\ \mathrm{g \cdot L^{-1}}$,其余条件同 2.3 节。研究废水初始 pH 对 MPGM 吸附性能的影响,结果如图 6-5 所示。

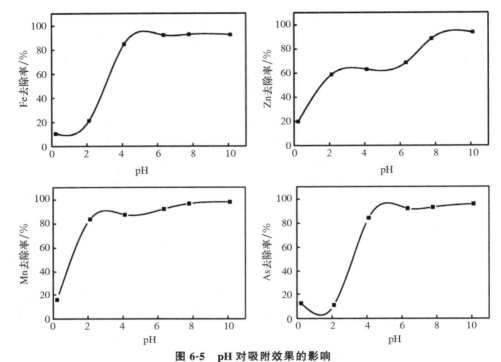

图 6-5　pH 对吸附效果的影响
Fig. 6-5　Effect of pH on adsorptive capacity

　　由图 6-5 看出：①酸性条件下，MPGM 对重金属离子的吸附效率随废水初始 pH 的升高而逐渐增大；②当 pH 在 6.0～8.0 时，研究体系中 Mn、Fe 及 As 趋于吸附平衡，去除效率从高到低依次为 Mn＞Fe＞As；③Zn 离子在 pH 4.0 与 pH 10.0 附近时出现两个吸附平衡点。这是由于 Zn(OH)$_2$ 属于两性氢氧化物所决定的，且高 pH 时 Zn 的去除有较大提升，揭示了在复杂的重金属离子污染体系中，强碱性条件下生成的高配位体 ZnO$_2^{2-}$ 更有利于 MPGM 吸附净化。

　　之所以提升 pH 有利于废水中重金属离子的去除，主要原因有 3 点：①石英纯化废水中 pH 仅为 0.14，此时小半径的 H$^+$ 浓度较高，更易占据 MPGM 的活性位，不利于 MPGM 净化石英纯化废水，因此重金属离子的去除效率偏低（如图 6-3），然而逐渐提升废水中初始 pH，H$^+$ 浓度呈几何级数下降，则 H$^+$ 的竞争吸附优势迅速下降；②强酸性条件下重金属离子之间相互抑制、相互竞争的情况比较显著，而随 pH 的增大，离子间相互竞争作用减弱(Wu，2009)；③重金属离子在一定 pH 条件下，会产生氢氧化物沉淀，从而使重金属元素从液相转移至固相去除。当 pH 从 0.14 逐渐上升到 10.0 时，随水合络离子中质子吸引作用增大，生成金属氢氧化物沉淀速度加快，但不同重金属离子的氢氧化物由于其溶度积常数(K$_{sp}$)不同而导

致各 M^{m+} 与 OH^- 结合开始沉淀和沉淀完全时的 pH 差异,详见表6-4。

表6-4　氢氧化物沉淀和溶解的 pH 特性

Table 6-4　The pH characteristics of hydroxide settled and dissolved

氢氧化物	氢氧化物沉淀和溶解的 pH		沉淀完全时 pH（残留离子浓度≤ 10^{-5} mol·L^{-1}）	沉淀开始溶解	沉淀溶解完全	溶度积常数 K_{sp}
	初始浓度 1.0 mol·L^{-1}	初始浓度 0.01 mol·L^{-1}				
Fe(OH)$_3$	1.15	1.82	2.82	14	—	2.8×10^{-39}
Zn(OH)$_2$	5.92	6.92	8.42	10.5	12~13	6.8×10^{-17}
Mn(OH)$_2$	7.66	8.66	10.16	—	—	2.1×10^{-13}

综上所述,MPGM 吸附重金属离子时,调节初始 pH 为 8.0 ± 0.3 较为适宜。

6.5.3　吸附时间的影响

吸附时间对石英纯化废水中重金属离子去除的影响(调节反应时间分别为 20、40、60、80、100、120、140、160 min)。结果如图 6-6 所示。

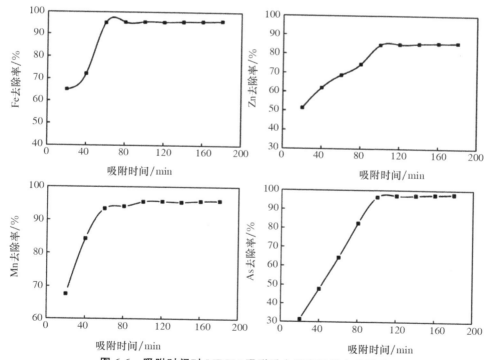

图 6-6　吸附时间对 MPGM 吸附重金属离子效率的影响

Fig. 6-6　Influence of adsorbent time on adsorbed capacity of heavy metal ions by MAPM

由图 6-6 可知,MPGM 吸附石英纯化废水中 4 种重金属离子随吸附时间增加而上升,但吸附速率和平衡吸附效率各有差异。在反应的前 80 min 内,吸附速度快,吸附效率迅速上升;Fe、Mn 在 80 min 后吸附逐渐趋于平衡,而 Zn、As 则需要 100 min。这与离子半径和离子浓度是相关的。

整个吸附过程经历两个阶段:第一阶段:竞争吸附。表现为离子半径小、浓度大的重金属优先快速吸附,而离子半径大、浓度小的重金属吸附达平衡时间较为滞后;第二阶段:慢吸附阶段,主要是由于吸附接近平衡后,废水中重金属离子向吸附剂内表面吸附引起的(周崎,2012)。综合考虑吸附速率与效率,以吸附时间 100 min 为宜。

6.5.4 脱附再利用分析

将吸附过重金属离子的 MPGM 置于 $1.0 \text{ mol} \cdot \text{L}^{-1}$ 的 NaCl 溶液中脱附反应 12 h,用去离子水洗涤、烘干后再利用。结果见图 6-7。

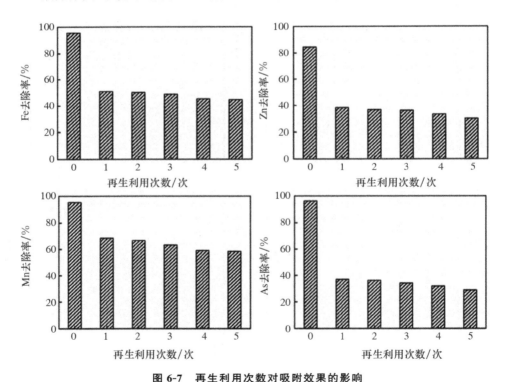

图 6-7 再生利用次数对吸附效果的影响

Fig. 6-7 Influence of recycling times on adsorptive capacity

由图 6-7 可知,脱附再利用 1 次后 MPGM 对石英纯化废水中 Fe、Zn、Mn、As 的去除率下降幅度较大,而之后的循环利用效率略有下降,主要是 4 种金属离子与 MPGM 之间存在较强的化学吸附作用,1.0 mol·L^{-1}NaCl 溶液很难将其完全脱附。MPGM 循环利用吸附 4 种重金属离子效率依次为 Mn>Fe>Zn>As,基本符合离子半径大小与离子浓度高低顺序。脱附方法、效率与机制还有待深入研究。

6.5.5　吸附等温线分析

为研究"MPGM-重金属离子"表面的交互作用,本节利用 Langmiur 和 Freundlich 两个常用的吸附等温线模型进行定量分析及预测。

两种吸附等温线模型方程的描述如式(6-3)和式(6-4)。

Langmiur 吸附等温线模型方程:$q_e = \dfrac{q_m K_L c_e}{1 + K_L c_e}$　　　　　　(6-3)

Freundlich 吸附等温线模型方程:$q_e = K_F c_e^{\frac{1}{n}}$　　　　　　(6-4)

式中,q_e 为单位吸附剂的平衡吸附量(mg·g^{-1}),c_e 为当吸附反应达到平衡时溶液中吸附质的浓度(mg·L^{-1}),q_m 为吸附剂表面单层吸附的最大容量(mg·g^{-1}),K_L 为 Langmiur 常数(L·mg^{-1});K_F 和 n 均为 Freundlich 吸附等温线常数,前者代表吸附剂吸附量大小的量(即当 K_F 值越大,则吸附量越大),由吸附质/吸附剂的特性、环境温度及吸附剂用量等决定,为有量纲常数,单位为 mg$^{1-1/n}$·L$^{1/n}$·g^{-1};后者代表吸附模型的线性偏离度,与吸附液相/固相体系的性质有关,通常情况大于 1,为无量纲常数。

由于在强酸性环境中重金属离子之间相互竞争、相互抑制的情况比较明显,所以 Langmiur 及 Freundlich 吸附等温线模型不能较好地拟合 MPGM 吸附石英纯化废水原水过程,这与王艳(2012)的研究结论相一致。因此,运用上述两种吸附等温线模型探究相关吸附机制时,本节采用最佳初始 pH 条件下得出的数据进行拟合,结果如图 6-8 所示。

通过图 6-8 的分析发现,Langmiur 吸附等温线模型与实验数据的非线性拟合程度较高,相关系数(R^2)均大于 0.95,说明 MPGM 对上述 4 种重金属离子表现出较强的表面单层化学吸附(周崎,2012),验证了 MPGM 脱附再利用部分的分析。从表 6-5 中可以发现,MPGM 吸附 Fe、Zn、Mn、As 这 4 种重金属离子的最大吸附量($q_{m, fitted}$)参数分别为 23.52、0.99、0.69 及 0.21 mg·g^{-1}与试验的平衡吸附量($q_{e, exp}$)变化趋势一致,说明 MPGM 对 4 种重金属离子吸附能力的顺序依次为 Fe>Zn>Mn>As。

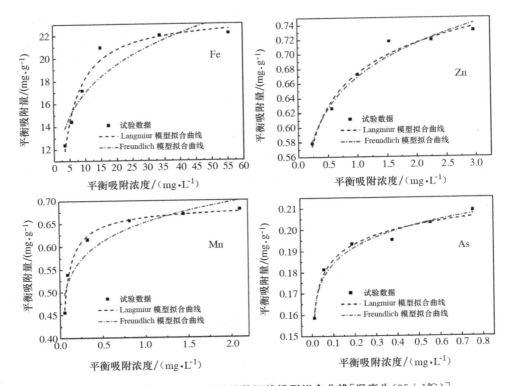

图 6-8　MPGM 吸附重金属离子的等温线模型拟合曲线［温度为（35±1℃）］

Fig. 6-8　Isotherm curves for the adsorption of four heavy metal ions on MPGM ［at（35±1℃）］

表 6-5　MPGM 对 4 种重金属离子的吸附等温线非线性拟合参数

Table 6-5　Nonlinear regression parameters of isotherms curves for the adsorption of four heavy metal ions on MPGM

重金属	$q_{m, exp}/$ (mg·g^{-1})	Langmuir 模型			Freundlich 模型		
		$q_{m, fitted}/$ (mg·g^{-1})	$K_L/$ (L·mg^{-1})	R^2	n	$K_F/$ [mg·g^{-1}·(mg·L^{-1})$^{-1/n}$]	R^2
Fe	22.16	23.52	0.25448	0.9539	5.20	10.91	0.8265
Zn	0.73	0.99	2.15048	0.9576	10.37	0.67	0.9604
Mn	0.68	0.69	23.92415	0.9878	10.56	0.65	0.8948
As	0.19	0.27	3.67076	0.9660	16.82	0.21	0.9679

6.5.6　吸附动力学分析

采用准一级吸附动力学模型和准二级吸附动力学模型,对 MPGM 净化石英纯化废水中 4 种重金属离子进行吸附动力学研究,结果如图 6-9 所示。

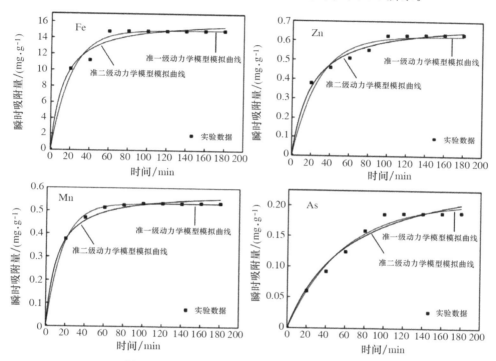

图 6-9　MPGM 对重金属离子吸附动力学模型
Fig. 6-9　Modelling of adsorption kinetics for heavy metal ions on MPGM

两种吸附动力学模型方程的描述如式(6-5)和式(6-6)。

准一级吸附动力学模型方程:$q_t = q_e^{(1-e^{-k_1 t})}$ 　　　　　　　　　　(6-5)

准二级吸附动力学模型方程:$q_t = \dfrac{k_2 q_e^2 t}{1 + k_2 q_e t}$ 　　　　　　　　　　(6-6)

式中,q_t 为 t 时刻单位吸附材料吸附重金属离子的质量,$mg \cdot g^{-1}$;q_e 为平衡时单位吸附材料吸附重金属离子的质量,$mg \cdot g^{-1}$;t 为吸附时间,min;k_1 为准一级吸附动力学常数,min^{-1};k_2 为准二级吸附动力学常数,$g \cdot mg^{-1} \cdot min^{-1}$。

如图 6-9 所示,MPGM 对 4 种重金属离子的吸附实验数据与两种吸附动力学模型拟合程度较高（相关系数 $R^2 > 0.97$）。数据的非线性模拟符合准二级动力学模型，是因为该模型能够较好地描述固-液相体系中的吸附过程，但模拟曲线能够较好地与准一级动力学模型拟合，可能是因为实验用石英纯化废水中重金属离子浓度与 MPGM 用量、达到饱和平衡吸附的时间基本匹配（Bieseki,2013）。其模型拟合参数详见表 6-6。

表 6-6 非线性拟合 MPGM 吸附重金属离子的动力学模型参数

Table 6-6 Kinetic parameters using non-linear methods for the sorption of heavy metal ions onto MPGM

离子种类	准一级动力学模型			准二级动力学模型		
	q_{e1}	k_1	R^2	q_{e2}	k_2	R^2
Fe	14.9324	0.04866	0.9798	16.4373	0.00482	0.9783
Zn	0.62355	0.03636	0.9751	0.71318	0.07019	0.9899
Mn	0.5317	0.05922	0.9990	0.58715	0.15057	0.9705
As	0.20652	0.0171	0.9822	0.2759	0.05455	0.9725

实际上，石英纯化废水中重金属离子的理化性质各异、初始浓度不同，用一两个吸附动力学表达式很难客观描述所有重金属离子的吸附速率。因此对不同特性重金属离子应当有不同的吸附动力学表达式。建立复杂体系多金属吸附动力学表达式的相关研究另文报道。

6.5.7 吸附热力学分析

通过不同温度（288、298、308、318 K）条件下 MPGM 吸附 4 种重金属离子的数据分析，计算出相关热力学状态参数，即吉布斯自由能变（ΔG^θ）、熵变（ΔS^θ）、焓变（ΔH^θ）3 个参数，计算式可参见式（6-7）和式（6-8）。

$$\Delta G^\theta = -RT\ln(10^6 \cdot K_L) \tag{6-7}$$

$$\Delta G^\theta = \Delta H^\theta - T\Delta S^\theta \tag{6-8}$$

式中，$R[8.314\ \text{J} \cdot (\text{mol} \cdot \text{K})^{-1}]$ 为气体常量；T 为开氏温度，K；K_L 为 Langmiur 常数，$\text{L} \cdot \text{mg}^{-1}$。

MPGM 分别对石英纯化废水中 4 种重金属离子的吸附热力学分析详见图 6-10 和表 6-7。随着试验温度的升高，固相-液相吸附体系的 ΔG^θ 随之而降低，且均为负值，说明在 15～45℃下有利于反应的进行；ΔH^θ 均大于零，说明吸附过程均为吸热反应；吸附体系中 ΔS^θ 均大于零，说明吸附过程伴随着 MPGM 与 4 种重金属离子结构发生了某种变化,不仅固-液界面系统的自由度增加,同时亦增加了 MPGM 与重金属离子之间的亲和力(周崎,2012)。

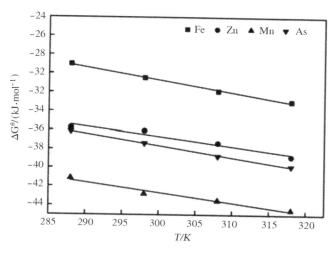

图 6-10　MPGM 对重金属离子吸附的吉布斯自由能与温度关系图
Fig. 6-10　Curves of relation ΔG^{θ} vs. T for the adsorped heavy metal ions on MPGM

表 6-7　MPGM 吸附重金属离子的热力学参数
Table 6-7　Thermodynamic parameters for the adsorption heavy metal ions on MPGM

重金属	温度 /K	ΔG^{θ} /(kJ·mol^{-1})	ΔH^{θ} / (kJ·mol^{-1})	ΔS^{θ} / (kJ·mol^{-1}·K^{-1})	R^2
Fe	288	−29.015			
	298	−30.473	8.9599	0.1321	0.9933
	308	−31.873			
	318	−32.953			
Zn	288	−35.747			
	298	−36.081	5.8200	0.1028	0.9137
	308	−37.338			
	318	−38.756			
Mn	288	−41.17			
	298	−42.814	10.5813	0.1070	0.9535
	308	−43.508			
	318	−44.505			

续表 6-7

重金属	温度 /K	ΔG^{θ} /(kJ·mol^{-1})	ΔH^{θ}/ (kJ·mol^{-1})	ΔS^{θ}/ (kJ·mol^{-1}·K^{-1})	R^2
As	288	−36.124			
	298	−37.377	0.5396	0.1236	0.9978
	308	−38.707			
	318	−39.802			

6.6 MPGM 净化石英纯化废水中氟离子研究

6.6.1 吸附剂用量的影响

在空气浴振荡器中,调节频率为 105 r·min^{-1},温度为 25℃,反应时间为 90 min 的条件下,研究 MPGM 用量对 F$^-$吸附效率的影响。试验结果如图 6-11 所示。

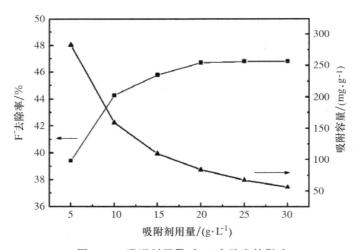

图 6-11　吸附剂用量对 F$^-$去除率的影响

Fig. 6-11　Effect of the dosage of adsorbent for removal rate of fluorinion

从图 6-11 可知,随着 MPGM 用量从 5.0 g·L^{-1}逐渐增加到 30.0 g·L^{-1}时,废水中 F$^-$的去除效率整体呈上升趋势。当吸附剂用量为 20 g·L^{-1}时,F$^-$去除率达 16.7%,而后随吸附剂用量继续增加 F$^-$去除率增加不明显,故后续试验选用

MPGM 用量 20 g·L^{-1} 为宜。

6.6.2 初始 pH 的影响

在常温条件下,调节振荡频率为 105 r·min^{-1},反应时间为 90 min,MPGM 用量为 20 g·L^{-1}。用浓度均为 1 mol·L^{-1} 的 NaOH 和 HCl 调节废水 pH,以研究不同 pH 条件下 MPGM 对废水中 F$^-$ 吸附效率的变化,试验结果如图 6-12 所示。

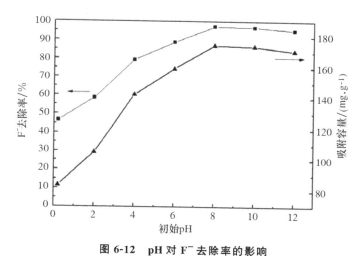

图 6-12 pH 对 F$^-$ 去除率的影响
Fig. 6-12 Effect of pH on removal rate of fluorinion

由图 6-12 可知,当体系中 pH<8.0 时,MPGM 对废水中 F$^-$ 吸附效率随 pH 升高而升高;pH 为 8.0 时,F$^-$ 去除率达最大,且处理后废水的 pH 为 7.3;而后继续增加 pH 时,F$^-$ 去除率略有下降。故选用 pH 为 8.0 作为较为适宜的 pH 条件。

6.6.3 反应时间的影响

在常温条件下,调节振荡频率为 105 r·min^{-1},废水初始 pH 为 8.0,MPGM 用量为 20 g·L^{-1},研究反应时间对 MPGM 吸附净化废水中 F$^-$ 的影响。试验验结果如图 6-13 所示。

由图 6-13 可知,随反应时间的延长,MPGM 对废水中 F$^-$ 吸附净化效率不断增加,当反应时间为 90 min 时废水中 F$^-$ 去除率为 96.7%,而后继续延长反应时间时,体系中 F$^-$ 去除率基本趋于稳定,故选用 90 min 为反应最佳时间。

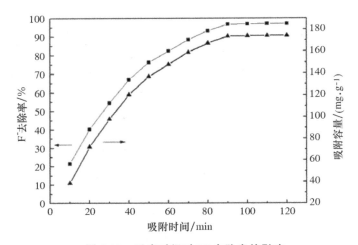

图 6-13　反应时间对 F⁻ 去除率的影响

Fig. 6-13　**Effect of adsorbent time on removal rate of fluorinion**

6.6.4　脱附再利用分析

由于碱性条件利于 MPGM 吸附净化石英纯化废水中 F⁻,故 MPGM 的脱附试验选择酸性条件。配制 1 mol·L⁻¹ 的 HCl 溶液,对吸附饱和的 MPGM 进行解吸,用于循环再生试验研究。每次吸附时间均按 90 min 计,反应结束记录废水中 F⁻ 剩余浓度。其试验结果如图 6-14 所示。

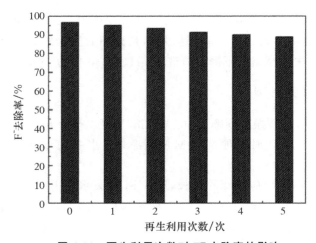

图 6-14　再生利用次数对 F⁻ 去除率的影响

Fig. 6-14　**Effect of cycle times on removal rate of fluorinion**

由图 6-14 可知,MPGM 经过 5 次再生利用,虽然对废水中 F⁻吸附净化效率有所下降,但仍保持较高水平,为 88.9%。说明所制备的 MPGM 具有一定的再生利用价值。

6.6.5 吸附等温线分析

利用 Langmuir 等温吸附模型(Langmuir,1918)及 Freundich 等温吸附模型(Ibrahim,2009)对 MPGM 吸附净化石英纯化废水中 F⁻的数据进行拟合,结果如图 6-15 和表 6-8 所示。

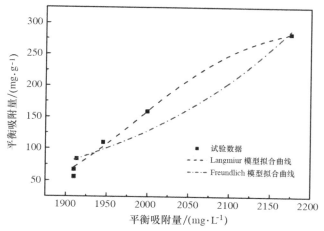

图 6-15　MPGM 吸附废水中 F⁻的吸附等温线模型拟合曲线[温度为(25±1)℃]

Fig. 6-15　Isotherms curves for the adsorption of fluorinion on MPGM [at (25±1)℃]

表 6-8　MPGM 对废水中 F⁻的吸附等温线非线性拟合参数

Table 6-8　The nonlinear regression parameters of isotherms curves for the adsorption of fluorinion on MPGM

$q_{e, exp}$ /(mg·g⁻¹)	Langmuir 模型			Freundlich 模型		
	$q_{m, fitted}$ /(mg·g⁻¹)	K_L /(L·mg⁻¹)	R^2	n	K_F /[mg·g⁻¹·(mg·L⁻¹)⁻¹ᐟⁿ]	R^2
282.89	308.86	2.5×10^{-92}	0.9824	9.64	1.99×10^{-3}	0.9296

从图 6-15 和表 6-8 中可以看出,MPGM 对石英纯化废水原水中 F⁻的等温吸附模型更好地符合 Langmiur 模型,从中可知 MPGM 吸附 F⁻的理论最大吸附容量为 308.86 mg·g⁻¹。另外,从 Freundlich 模型中可知 $1/n = 0.1037$,处于 0.1～

0.5,说明 MPGM 对于废水中的 F⁻ 具有较好的吸附性能,反应易于进行。

6.6.6 吸附动力学分析

利用一级反应动力学模型(Han,2010)及准二级反应动力学吸附模型(Ho,1999)对 MPGM 吸附净化石英纯化废水中 F⁻ 的数据进行拟合,结果如图 6-16 和表 6-9 所示。

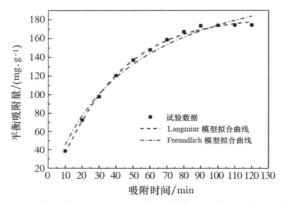

图 6-16　MPGM 吸附废水中 F⁻ 的吸附动力学模型拟合曲线[温度为(25±1)℃]

Fig. 6-16　The fitting dynamic models for the adsorped fluorinion on MPGM [at (25±1)℃]

表 6-9　MPGM 吸附废水中 F⁻ 的动力学模型拟合参数

Table 6-9　The fitting parameters of dynamic model to the adsorbed fluorinion on MPGM

$q_{e, \exp}$ /(mg·g^{-1})	准一级动力学模型			准二级动力学模型		
	q_{e1} /(mg·g^{-1})	k_1 /min^{-1}	R^2	q_{e2} /(mg·g^{-1})	k_2 /(mg·g^{-1}·min^{-1})	R^2
174.29	183.13	0.03099	0.9975	253.41	8.7×10^{-5}	0.9844

从图 6-16 和表 6-9 中可以看出,F⁻ 在 MPGM 上所发生的吸附反应既符合准一级动力学模型,也符合准二级动力学模型。表明整个吸附过程包括外部液膜扩散、表面吸附和颗粒内部扩散的整个吸附过程,且前两步的速度是控制吸附剂对 F⁻ 吸附速率的主要因素(贾旭,2011;王峰,2003)。

6.7　本章小结

本章以两种铝硅酸盐矿物为基材制备了一种黏土基多孔颗粒材料(MPGM),

其具备多孔径分布、大比表面积、低散失率等优良特性,保留了层状硅酸盐矿物高吸附性能的官能团,且避免了粉体材料回收困难且易形成二次污染的问题,但再生吸附效率有待进一步研究提升。

(1)MPGM 净化石英纯化废水中重金属离子:①重金属离子是通过静电作用从溶液中吸附转移至 MPGM 孔洞内外表面的。焙烧过程中,MPGM 表面晶体缺陷产生的能量过剩形成高活性位点集聚区,因此在适当的反应条件下,对 Fe、Zn、Mn 和 As 产生有效的吸附,去除率分别高达 95.6%、84.5%、95.5% 和 96.5%;②MPGM 的吸附动力学符合准一级动力学模型和准二级动力学模型,在常温下,pH 7.7~8.3 时,MPGM 对 Fe、Zn、Mn 和 As 的平衡吸附容量分别为 14.93~16.44、0.62~0.71、0.53~0.59 和 0.21~0.28 mg•g^{-1};③MPGM 对于 4 种重金属(Fe、Zn、Mn、As)的吸附等温线符合 Langmiur 模型,吸附动力学遵从准一级动力学模型和准二级动力学模型。吸附热力学参数分别为 $\Delta G^{\theta} < 0$、$\Delta H^{\theta} > 0$、$\Delta S^{\theta} > 0$,说明吸附过程为吸热反应,且在 15~45℃有利于反应顺利自发进行。

(2)MPGM 净化石英纯化废水中氟离子:①MPGM 吸附净化石英纯化废水中 F$^-$ 的最佳工艺条件为:反应温度为常温,振荡频率为 105 r•min^{-1},吸附剂用量为 20 g•L^{-1},pH 为 8.0,反应时间为 90 min;②在上述条件下净化复杂体系的含氟选矿废水,pH 7.3,MPGM 对 F$^-$ 去除率达 96.7%,水中剩余 F$^-$ 含量为 118.47 mg•L^{-1};③MPGM 对石英纯化废水中 F$^-$ 的等温吸附模型更好地符合 Langmiur 等温式;其动力学参数既符合准一级动力学模型,也符合准二级动力学模型。

第7章 结论及展望

7.1 结论

本书共分四个部分：基材矿物原料表征及性能分析，黏土基多孔颗粒材料制备、表征与应用，阳离子染料吸附机理研究，吸附净化石英纯化废水的应用研究。主要研究结论如下：

(1)基材矿物原料表征及性能分析 采用 XRD、SEM、FT-IR 及 TG/DTG/DSC 等技术深入系统地对黏土基多孔颗粒材料基材进行研究，表征并分析了膨润土、累托石、偏高岭土及石墨 4 种基材矿物的物相组成、晶体结构、形貌特征以及物理化学特性等。发现了石墨在富氧环境加热超过 724.3℃时易被迅速氧化为 CO_2 逃逸这一现象。研究表明以上 4 种矿物均属于层状矿物，具有天然的纳米层间距和发育的表面界面孔道，良好的热稳定性、化学活性、离子交换与吸附特性。研究这些矿物特性，对于制备黏土基多孔颗粒材料具有重要的指导意义。

(2)黏土基多孔颗粒材料制备、表征与应用 ①创造性地研究了焙烧气氛对黏土基多孔颗粒材料结构改造与孔道调控机制。

将累托石、偏高岭土、膨润土、膨胀石墨与 CMC 按 40∶40∶25∶20∶18 的比例造粒，而后分别采用富氧、真空(真空度 0.01 Pa)及氮气 3 种气氛改变焙烧环境中氧气含量，于 800℃温度保温 4 h，成功制备出了 SMA、SMA-V 及 SMA-N 3 种黏土基多孔颗粒材料。分析表明：3 种吸附剂比表面积、孔体积、孔隙率、散失率及烧失量五个因子呈正相关，且均具有多孔、低散失率及大比表面积等特点。发现了 3 种吸附剂的膨胀石墨含量随焙烧环境中氧气含量的增加而下降，且富氧气氛焙烧得到的 SMA 中膨胀石墨仅作为造孔剂成分存在，几乎被完全氧化。揭示了焙烧气氛对黏土基多孔颗粒材料结构改造与孔道调控起重要作用。②系统研究了水热法改性对黏土基多孔颗粒材料结构改造与增加表面界面化学活性位机制。将膨润土、偏高岭土及累托石按 3:5:5 的质量配比,与水按固液比为 1:20,150℃ 温度下水热法处理 2 h 得到改性粉体材料,而后与膨胀石墨、CMC 按 105:20:18 的质量比混合,再按 SMA 制备工艺造粒成型,成功制备水热改性黏土基多孔颗粒材料 SMA-HT。研究表明,SMA-HT 除具备前述 3 种吸附剂的优势外,比表面积、孔体积及孔隙率等物理性能亦得到了大幅提升,且存在窄孔径分布的特性。XRD 及 FT-IR 分析揭示了水热法改性导致基材矿物晶体沿 c 轴方向结构变松散,增加孔道间连通性和晶体缺陷。这种结构改造的宏观结果是矿物晶体表面界面高能区剧增,化学活性提高。③阳离子染料吸附应用。研究表明:a. SMA 对 4 种典型阳离子染料的吸附净化效果依次为 MG>MO>NR>MB;b. 4 种吸附剂对于 MG 染料的吸附效率依次为 SMA-HT>SMA-V>SMA>SMA-N;c. 4 种吸附材料经 5 次再利用后显示如下特性:颗粒不易散失,损失率仅为 2.40%~15.12%;再生性能优越。SMA、SMA-N、SMA-V 对阳离子染料吸附量降低 10% 左右。SMA-HT 对 MG 的吸附量虽有降低,但绝对吸附量仍高达 207.97 $mg \cdot g^{-1}$。④构建吸附体系平衡点 pH_E 数学模型。模型的构建对于定性或定量描述矿物材料吸附净化印染废水的行为或程度,通过调控吸附体系平衡点 pH_E 有效控制吸附净化过程具有重要理论价值与应用指导意义。

(3)吸附机理研究 ①吸附过程为化学吸附和物理吸附并存,以化学吸吸附为主。Langmiur 及 Freundlich 吸附等温线模型均能较好描述黏土基多孔颗粒材料——阳离子染料表面的交互作用,且两模型计算得到的最大吸附量($q_{max, fitted}$)及 Freundlich 吸附系数(K_F)与试验的平衡吸附量($q_{e, exp}$)变化趋势基本一致。②分别构建了吸附材料 SMA、SMA-N、SMA-V 及 SMA-HT 吸附阳离子染料 MO、MB、MG 和 NR 的动力学模型。吸附行为随时间变化的过程符合准一级动力学模型及准二级动力学模型。③基于热力学方法,建立了 4 种黏土基多孔颗粒材料吸附阳离子染料废水的吉布斯自由能变方程,为吸附过程能否自发进行提供评价判据。模型分析表明:a. Gibbs 自由能变(ΔG^θ)均小于零,熵变(ΔH^θ)均大于零,说明了吸附体系为吸热反应,且加热有利于反应自发进行,揭示了适当提高吸附体系温度,有利于材料吸附官能团的活化和吸附位点的增加;b. 熵变(ΔS^θ)均大于零,提高固-液界面系统的自由度及黏土基多孔颗粒材料与有机阳离子染料之间的亲和力。

(4)吸附净化石英纯化废水的应用研究 ①MPGM 其具备多孔径分布、大比表面积、低散失率等优良特性,保留了层状硅酸盐矿物高吸附性能的官能团,且避免了粉体材料回收困难易于形成二次污染的问题,但再生吸附效率有待进一步研究提升。MPGM 对于 4 种重金属离子(Fe、Mn、Zn、As)及氟离子的吸附等温线符合 Langmiur 模型,吸附动力学遵从准一级动力学模型和准二级动力学模型。吸附热力学参数分别为 $\Delta G^{\theta} < 0$、$\Delta H^{\theta} > 0$、$\Delta S^{\theta} > 0$,说明吸附过程为吸热反应,且在 15~45℃有利于反应顺利自发进行。

②在印染废水及石英纯化废水净化处理的对比应用中表明,针对不同的工业废水,黏土基多孔颗粒材料均表现出良好的净化效率及再生性,但若需要获取较优吸附效果的颗粒材料,制备工艺及组成成分必将做出差异性调整。

7.2　创新点

本书主要创新点如下:

(1)利用焙烧和水热改性法成功制备出了 4 种高效复合矿物吸附材料,确定了制备的适宜工艺条件;分析了焙烧气氛及水热法对高效吸附材料改性的微观机制和界面、表面反应机理,提出了氧气对矿物结构改造及孔道调控的机制。

(2)研究了 4 种高效吸附材料对典型阳离子染料的吸附性能,确定了吸附过程的热力学和动力学模型,分析了吸附材料对 4 种典型阳离子染料的吸附行为和机理,构建了吸附体系中平衡点 pH 的数学模型。

(3)采用小角度 X 射线衍射仪表征膨胀石墨,为量化描述改性膨胀石墨的膨胀特性提供了一种可借鉴的方法。

7.3　展望

建议对如下内容展开进一步探索研究:

(1)将黏土基多孔颗粒材料吸附净化的对象扩大到阴离子染料、无机离子以及气态污染物等方面;

(2)深入研究黏土基多孔颗粒材料的再生方式与循环利用模式及吸附机理;

(3)在条件允许的情况下,可扩大试验规模或中试。

参考文献

［1］曹明礼,袁继祖,余永富. 微波合成有机-无机柱撑脱石及其对水溶液苯胺的吸附作用［A］. 非金属矿物材料与环保、生态、健康研讨会论文集［C］,2003.

［2］曹乃珍,沈万慈,温诗铸,等. 膨胀石墨吸附材料在环境保护中的应用［J］. 环境工程,1996,14(3):27-30.

［3］曾昌凤,张利雄,王焕庭,等. 气相转移法制备 ZnAPO-34 分子筛膜［J］. 高等学校化学学报,2004,25(2):204-207.

［4］曾清如,周细红,铁柏清,等. 三种尾矿砂颗粒物对 Pb(II)和 Cd(II)的吸附行为［J］. 湖南农业大学学报,1998,24(5):360-364.

［5］陈慧娟,赵瑜藏,刘小玉,等. 插层膨润土复合材料对酸性蓝吸附性能研究［J］. 信阳师范学院学报:自然科学版,2009,22(3):445-447.

［6］陈建华. 晶格缺陷对方铅矿表面性质、药剂分子吸附及电化学行为影响的研究［D］. 南宁:广西大学, 2012,38-75.

［7］陈军,郑华,董成林,等. 氟中毒对人及动物生殖的影响［J］. 畜禽业,2004,(3):42-43.

［8］陈晔,陈建华,郭进. 天然杂质对闪锌矿电子结构和半导体性质的影响［J］. 物理化学学报, 2010, 26(10): 2851-2856.

［9］成娅. 分等级多孔水滑石插层材料的制备及吸附性能研究［D］. 武汉:武汉理工大学,2012.

［10］程华丽,李瑾,王涵,等. 壳聚糖/蒙脱土插层复合物对活性红染料的吸附动力学及解吸性能［J］. 环境化学,2014,33(1):115-122.

［11］褚启龙,哈建利,夏涛,等. 氟对人胚肝细胞 DNA 损伤及 p53 蛋白表达影响［J］. 中国公共卫生,2011,27(9):1154-1155.

［12］崔天顺,周文剑,李云亭. 天然辉沸石对染料废水静态吸附性能研究［J］. 科

技信息,2010,(28):45,48.

[13] 大中,王锦. 物理吸附与化学吸附[J]. 山东轻工业学院学报,1999,13(2):22-25.

[14] 单佳慧,刘晓勤,孙林兵. Ce改性介孔 $\gamma\text{-}Al_2O_3$ 的一步水热合成及其对噻吩的吸附性能[J]. 化工新型材料,2011,39(9):105-108.

[15] 底兴. 膨胀石墨的制备及其对染料脱色性能研究[D]. 保定:河北大学,2013.

[16] 杜玉. 复合材料对壬基酚的吸附净化及催化再生研究[D]. 大连:大连理工大学,2009.

[17] 范莉,李正山,李云松,等. 海泡石对亚甲基蓝的吸附性能[J]. 资源开发与市场,2005,21(3):182-184.

[18] 方玉堂,梁向晖,范娟. Al^{3+} 掺杂对硅胶吸附材料性能的影响[J]. 材料研究学报,2004,18(6):641-646.

[19] 方玉堂,张紫超,李大艳,等. 金属离子掺杂改性硅胶吸附剂的吸附性能[J]. 材料导报,2009,23(9):11-14.

[20] 甘慧慧. 铋系异质结光催化剂的原位制备及其环境净化性能研究[D]. 武汉:武汉理工大学,2013.

[21] 高如琴,郑水林,刘月,等. 硅藻土基多孔陶瓷的制备及其对孔雀石绿的吸附和降解[J]. 硅酸盐学报,2008,36(1):21-24.

[22] 耿爱芳,高菲,解晓青,等. 铥、镱共掺杂纳米二氧化钛/硫化镉光催化降解甲基橙的研究[J]. 分子科学学报,2011,27(2):92-96.

[23] 宫明,许启明,杨春利. Al掺杂 TiO_2 多孔薄膜的制备及其染料吸附性研究[J]. 化工新型材料,2012,40(5):78-80.

[24] 巩林,刘勇,任小蓉,等. 天然蛭石对结晶紫的吸附性能研究[J]. 化学研究与应用,2010,22(1):115-119.

[25] 谷志攀,何少华. 硅藻土对染料废水吸附规律研究[J]. 大众科技,2011,(5):85,91-92.

[26] 顾诚,陈志刚,刘成宝,等. 真空浸渍制备膨胀石墨基 C/C 复合材料及其甲醛吸附性能[J]. 复合材料学报,2013,30(4):108-115.

[27] 管俊芳,狄敬茹,于吉顺,等. Zr/Al基柱撑蒙脱石矿物材料的红外光谱研究[J]. 硅酸盐学报,2005,33(2):220-224.

[28] 郭亚丹,梁平,李效萌,等. 改性累托石吸附溶液中铀U(VI)的研究[J]. 中国陶瓷,2014,50(7):24-27.

[29] 韩放,朱吉茂,金龙哲. 新型防冻抑尘剂性能研究[J]. 安全与环境工程,2003,10(4):31-33.

[30] 韩璐. 有机插层微晶白云母的制备及其吸附性能研究[D]. 成都:成都理工大学,2009.

[31] 郝继华,赵庆双. 膜分离法处理印染废水的新进展[J]. 防治学报,1993,14(3):128-131.

[32] 何杰,刘玉林,谢同凤. 天然沸石用于去除水体中有机污染物的效果[J]. 水处理技术,1998,24(5):286-288.

[33] 何瑾馨. 染料化学[M]. 北京:中国纺织出版社,2009.

[34] 何龙,张健,平清伟,等. 碱浸硅藻土提纯工艺探讨及其对亚甲基蓝吸附的热力学研究[J]. 硅酸盐通报,2012,31(6):1593-1598.

[35] 侯云建. 负载TiO_2/V膨胀石墨的制备及其吸附降解性能的研究[D]. 南京:南京林业大学,2009.

[36] 胡巧开,余中山,刘云. Al^{3+}改性膨润土负载壳聚糖对活性艳橙的吸附研究[J]. 井冈山大学学报(自然科学版),2011,32(3):51-55.

[37] 胡晓洪. 炭吸附材料负载掺杂纳米TiO_2的制备及其降解有机污染物的研究[D]. 广州:中国科学院广州地球化学研究所,2007.

[38] 贾旭. 改性黏土除氟剂性能及原位除氟实验研究[D].吉林大学,2011.

[39] 贾志欣. 负载TiO_2的膨胀石墨的制备与吸附和光催化性能研究[D]. 石家庄:河北师范大学,2006.

[40] 江棂,邢宏龙,张勇,等. 工科化学[M]. 北京:化学工业出版社,2003:78-91.

[41] 江涛,刘源俊. 累托石[M]. 武汉:湖北科学技术出版社,1989.

[42] 姜桂兰,张培萍. 膨润土加工与应用[M]. 北京:化学工业出版社,2005.

[43] 蒋华兵,王玲,张国亮,等. 悬浮态光催化超滤膜反应器降解偶氮染料4BS[J]. 高校化学工程学报,2010,24(3):508-513.

[44] 蒋琰. 硅藻土吸附剂的制备及其染料吸附特性研究[D]. 长沙:中南大学,2013.

[45] 焦新亭,李晓东,刘国文,等. 碳纳米管对亚甲基蓝的吸附性能研究[J]. 安全与环境学报,2007,7(3):44-47.

[46] 金龙哲,朱吉茂,任志刚,等. 露天矿公路防冻抑尘剂的研究[J]. 北京科技大学学报,2004,26(1):4-6.

[47] 拉斯R. K.,汪镜亮,肖力子. 天然多糖与某些硫化矿物作用的表面化学研究[J].国外金属矿选矿,2001,(4):36-39.

[48] 雷绍民，王欢，郭振华，等. 一种用于吸附净化多金属离子工业废水的无机复合材料及其应用方法 [P]. 中国专利:ZL201210122446.2，2013-10-02.

[49] 雷绍民，王欢，王恩文，等. 工业废水中多金属离子的吸附净化[J]. 环境工程学报，2013，7(2)：513-517.

[50] 雷绍民. 高岭石基纳米 TiO_2 复合光催化材料研究[D]. 武汉:武汉理工大学，2006.

[51] 雷雪飞，薛向欣，杨合. 硝酸掺杂钛精矿吸附去除甲基橙[J]. 东北大学学报(自然科学版)，2012，33(7)：992-994.

[52] 黎梅. 超声波和膨胀石墨相结合处理染料废水的研究[D]. 保定:河北大学，2008.

[53] 李济吾，朱利中，蔡伟建. 微波合成有机膨润土及其吸附水中有机物的性能[J]. 中国环境科学，2004，24(6)：665-669.

[54] 李杰，强颖怀，丁家伟. 非金属纳米矿物材料负载 TiO_2 在污水处理中的研究进展[J]. 中国非金属矿工业导刊，2011，(1)：38-41.

[55] 李佩悦. Si—Al—Ca—C 结构光催化材料制备及降解羟肟酸类捕收剂研究[D]. 武汉理工大学，2009.

[56] 李强，李钟. 蒙脱土/阳离子偶氮染料插层纳米复合物离子交换吸附[J]. 化学学报，2004，62(15)：1409-1414.

[57] 李青. 改性膨润土和硅藻土吸附处理染料废水及再生研究[D]. 青岛:青岛科技大学硕士学位论文，2011.

[58] 李哲. 鳞片石墨浮选特性及工艺研究 [D]. 北京:中国矿业大学博士学位论文，2010.

[59] 梁春华，林红卫. 稀土镨掺杂 TiO_2 光催化剂的吸附和光催化活性研究[J]. 工业水处理，2011，31(6)：24-27.

[60] 廖仁春，古映莹，吴幼纯，等. 高岭石—插层复合材料的制备及吸附性能[J]. 嘉兴学院学报，2002，14(6)：25-29.

[61] 林俊雄. 硅藻土基吸附剂的制备、表征及其染料吸附特性研究[D]. 杭州:浙江大学博士学位论文，2007.

[62] 刘成宝. 膨胀石墨的植被及其对含油污水的吸附应用研究 [D]. 镇江:苏州大学硕士学位论文，2007.

[63] 刘春早，黄益宗，雷鸣，等. 湘江流域土壤重金属污染及其生态环境风险评价[J]. 环境科学，2012，33(1)：260-265.

[64] 刘海林，李志光，罗迎. 混合白土水热法合成 Y 型分子筛及其对亚甲基蓝吸

附性能的研究[J]. 化工技术与开发,2011,40(6):1-3.

[65] 刘曙光. 非金属矿纳米结构特征及应用[J]. 矿产综合利用,2002,(4):24-29.

[66] 刘薇. 功能纳米材料的制备及其吸附性能的研究[D]. 武汉:武汉工业学院,2009.

[67] 刘维俊. 负载壳聚糖吸附剂的研制及吸附性能[J]. 化学研究与应用,2006,18(3):327-330.

[68] 刘欣,胡亚非,熊建军. 石墨多孔材料孔隙率测定方法研究 [J]. 润滑与密封,2010,35(10):99-101.

[69] 刘振海. 热分析导论[M]. 北京:化学工业出版社,1997,1-3.

[70] 卢燕,钟俊波,李建章,等. 光还原法制备 Pd/ZnO 及其光催化脱色性能研究[J]. 贵金属,2013,34(3):17-19.

[71] 陆骏,戴立益. 微波在合成化学中的应用[J]. 化学教学,2000,(4):29-31,37.

[72] 吕溥. 膨胀石墨的制备表征及其吸附性能研究 [D]. 保定:河北大学硕士学位论文,2008.

[73] 马娟娟,卓宁泽,陆嘉伟,等. 壳聚糖插层蒙脱土复合材料吸附酸性染料的动力学和热力学研究[J]. 离子交换与吸附,2011,27(2):129-136.

[74] 马骏,王海彦,陈文艺,等. β 沸石的微波合成及吸附行为[J]. 辽宁石油化工大学学报,2006,26(4):141-144.

[75] 马霞,冯莉,王彬果,等. MnO_2 负载蒙脱土的制备表征及其吸附性能[J]. 功能材料,2008,39(9):1538-1541.

[76] 毛惠,邱正松,黄维安,等. 温度和压力对黏土矿物水化膨胀特性的影响 [J]. 石油钻探技术,2013,41(6):56-61.

[77] 毛新平,梁春华. 甲基橙在镧掺杂二氧化钛表面的吸附研究[J]. 环境保护科学,2009,35(4):57-59.

[78] 苗春省. X 射线衍射快速划分膨润土类型的方法 [J]. 矿物学报,1984,(1):89-91.

[79] 明银安,李丽荣,王营茹,等. 钠盐改性累托石处理染料废水对比试验研究[J]. 工业安全与环保,2014,40(2):51-53,72.

[80] 牟淑杰. 粉煤灰负载阳离子吸附处理印染废水的试验研究[J]. 矿产综合利用,2010,(3):26-28.

[81] 木冠南. 添加剂及预处理对寻甸硅藻土吸附染料的影响[J]. 云南化工,

1995,(3):8-10.

[82] 聂轶苗,马鸿文,刘贺,等. 水热条件下钾长石的分解反应机理[J]. 硅酸盐学报,2006,34(7):846-850,867.

[83] 潘兆橹,万朴. 应用矿物学[M]. 武汉:武汉工业大学出版社,1993.

[84] 彭书传,王诗生,黄川徽,等. 无机柱撑蒙脱石对阳离子桃红染料 FG 的吸附脱色[J]. 非金属矿,2003,26(6):44-45.

[85] 彭文世,刘高魁. 矿物红外光谱图集[M]. 北京:科学出版社,1982.

[86] 邱丽娟,陈亮,黄满红. UASB 反应器处理染料及印染废水的研究进展[J]. 化工环保,2009,29(5):416-419.

[87] 邱永福,兰善红,范洪波. 一种纳米材料制备方法的介绍:气相—转移—氧化—沉积法[J]. 东莞理工学院学报,2011,18(5):18-23.

[88] 任建敏,傅遍红,吴四维. CTMA 插层改性膨润土对甲基橙的吸附特性[J]. 重庆大学学报,2010,33(5):120-125.

[89] 任晓晶. 基于离子交换原理的美国煤层气产出水处理装置设计[J]. 化学工程与装备,2012,(4):57-59.

[90] 阮军. 氟对动物某些组织器官的影响及预防[J]. 畜牧市场,2005,(8):133-135.

[91] 闫明涛,张大余,吴刚. 介孔分子筛 MCM-48 的室温合成与表面修饰[J]. 无机化学学报,2005,21(8):1165-1169.

[92] 韶晖,韩哲,张利雄,等. 气相转移法合成 MnAPO-5 分子筛[J]. 石油学报(石油加工),2008,24(2):184-190.

[93] 韶晖,柯学斌,姚建峰,等. 气相转移法合成 CoAPO-5 及其催化性能[J]. 化学反应工程与工艺,2008,24(3):228-233.

[94] 邵红,程慧,李佳琳. 负载壳聚糖膨润土的制备及其吸附性能的影响[J]. 环境工程学报,2009,3(9):1597-1601.

[95] 邵琴. 沸石非均相催化臭氧氧化法处理染料废水的研究[D]. 广州:暨南大学,2011.

[96] 宋天佑,徐家宁,徐文国,等. 微波辐射法合成 NaX 分子筛[J]. 高等学校化学学报,1992,13(10):1209-1210.

[97] 苏慧,许智华,吴玲玲,等. 泥炭与沸石制取吸附材料实验研究[J]. 能源研究与信息,2012,28(4):187-191.

[98] 苏继新,殷晶,屈文,等. 插层水滑石的组装及对对硝基甲苯的吸附[J]. 中国环境科学,2009,29(5):518-523.

[99] 孙进,王志国,李龙海. 针铁矿吸附水中硫酸根离子的试验研究[J]. 黄金,
2005,26(3):43-45.

[100] 孙霞,王学松,李健生. 原位水热合成 Ce(Ⅳ)-X 分子筛及对噻吩的吸附性
能[J]. 燃料化学学报,2012,40(12):1480-1486.

[101] 孙秀云,王连军,周学铁. 凹凸棒土-粉煤灰颗粒吸附剂的制备及改性[J].
江苏环境科技,2003,16(2):1-3.

[102] 孙振亚. 生物矿化纳米 FeOOH 的特征与自组装合成及其环境意义[D]. 武
汉:武汉理工大学,2006.

[103] 谭宏斌,付蕾,袁新强. 熔融水热法合成 A 型沸石及其吸附性能研究[J]. 粉
煤灰,2009,(6):32-34.

[104] 唐文华,刘少友,冯庆革,等. 金属掺杂二氧化钛介孔材料对葛根素的吸附
行为[J]. 过程工程学报,2010,10(4):685-590.

[105] 万建信,何仕均,孙伟华,等. 造纸废水的电离辐射预处理工艺研究[J]. 环境
科学,2011,32(6):1638-1643.

[106] 王蓓,罗兴. 工艺矿物学在选矿工艺研究中的作用及影响[J]. 矿物学报,
2011,(S1):730-732.

[107] 王丹丽,董晓丹,王恩德. 针铁矿对重金属离子的吸附作用[J]. 黄金,
2002,23(2):44-46.

[108] 王风贺,瞿俊,姜炜,等. 改性活性氧化铝除氟性能研究[J]. 化工矿物与加
工,2008,(2):23-25.

[109] 王峰,张昱,杨敏,等. 活性氧化铝对饮用水中氟离子的吸附行为[J]. 中国农
业大学学报,2003,8(4):63-65.

[110] 王广建,郭娜娜,张晋. 负载 ZnO 活性炭吸附脱除噻吩的性能[J]. 化工进
展,2011,30(增刊):737-739.

[111] 王红宇,刘艳. 类水滑石 Mg/Zn/Al 焙烧产物对高氯酸盐的吸附[J]. 环境
科学,2014,35(7):2585-2589.

[112] 王鸿禧. 膨润土[M]. 北京:地质出版社,1980.

[113] 王湖坤. 复合累托石颗粒材料的制备及处理铜冶炼工业废水的研究[D].
武汉:武汉理工大学,2007.

[114] 王磊. 硅藻土对活性艳红染料吸附性能的研究[D]. 武汉:武汉科技大学,
2011.

[115] 王丽平. ACF/CNT 复合材料的制备、表征及其吸附特性研究[D]. 长沙:中
南大学,2012.

[116] 王美荣,林铁松,何培刚,等. 热处理温度对偏高岭土活性的影响及其表征[J]. 硅酸盐通报,2010,29(2):268-271.

[117] 王琪莹,刘自力,邹汉波,等. 负载型层柱黏土对模拟柴油中二苯并噻吩选择吸附性能的研究[J]. 现代化工,2009,29(5):40-42.

[118] 王文中,尚萌,尹文宗,等. 含秘复合氧化物可见光催化材料研究进展[J]. 无机材料学报,2012,27 (1):11-18.

[119] 王昕,张春丽,任广军,等. 碳纳米管吸附染料甲基橙的性能研究[J]. 当代化工,2008,37(4):375-377.

[120] 王新语,邢国秀,徐强. 复合 CFS 材料的制备及对活性艳红 M/8B 的吸附性能的研究[J]. 山东化工,2012,41:8-12.

[121] 王艳. 黄土对典型重金属离子的吸附解吸特性及机理研究[D]. 杭州:浙江大学,2012.

[122] 魏舒. 新型高比表面积聚合物材料和石墨烯材料的合成与应用[D]. 长春:吉林大学,2012.

[123] 温艳媛,丁昆明. Ag@AgCl 修饰的锐钛矿相 TiO_2 纳米管的制备及其光催化性能[J]. 催化学报,2011,32(1):37-41.

[124] 闻辂. 矿物红外光谱学 [M]. 重庆:重庆出版社,1989.

[125] 吴超,周勃. 固体卤化物的抑尘性能[J]. 中南工业大学学报,1996,27(1):13-17.

[126] 吴德智. 纳米硫化亚铜及其复合材料的制备、表征与光催化性能研究[D]. 成都:西南交通大学,2012.

[127] 吴瑾光. 近代傅里叶变换红外光谱技术及应用(上卷)[M].北京:科学技术文献出版社,1994.

[128] 吴敏,李克亮. 偏高岭土基土壤聚合物微观机理研究[J]. 建筑技术开发,2012,39(10):34-36.

[129] 吴平霄. 黏土矿物材料与环境修复[M]. 北京:化学工业出版社,2004.

[130] 吴平霄. 有机插层蛭石对有机污染物苯酚和氯苯的吸附特性研究[J]. 矿物学报,2003,23(1):17-22.

[131] 吴韃,赵高凌,韩高荣. 水热合成温度对二氧化钛薄膜结晶性能和染料吸附性能的影响[J]. 稀有金属材料与工程,2008,27(S2):167-169.

[132] 吴文军. 用超声波气振技术处理染料废水[J]. 污染防治技术,1994,7(1):26-27.

[133] 吴雪平,盛丽华,陈天虎,等. 凹凸棒石/C 复合材料的制备及其对苯酚的吸

附性能研究[J]. 化工新型材料,2008,36(11):87-90.

[134] 吴子豹,黄妙良,杨媛媛,等. 负载型 TiO_2 复合材料对甲基橙的吸附行为及光催化降解动力学[J]. 精细化工,2007,24(1):21-26.

[135] 武占省,张胜琴,胡海纯,等. 微波合成有机膨润土对苯、甲苯和二甲苯吸附性能研究[J]. 非金属矿,2009,32(4):59-61.

[136] 夏燕. 水滑石类层状化合物的插层组装及其吸附性能研究[D]. 湘潭:湘潭大学,2012.

[137] 咸月,马晶晶,周晖. 负载壳聚糖的膨润土对含酚废水的吸附动力学研究[J]. 污染防治技术,2013,26(2):7-10,15.

[138] 谢晶晶,庆承松,陈天虎,等. 几种铁(氢)氧化物对溶液中磷的吸附作用对比研究[J]. 岩石矿物学杂志,2007,26(6):535-538.

[139] 谢雷. 纳米 TiO_2 光催化结合辐照技术处理造纸中段废水的研究[D]. 武汉:武汉理工大学,2007.

[140] 谢治民. 海泡石复合水处理剂的研制及其处理染料废水性能研究[D]. 湘潭:湘潭大学,2007.

[141] 徐邦梁. 沸石[M]. 上海:上海科学技术文献出版社,1979:17-26.

[142] 徐如人,庞文琴,于吉红,霍启升.分子筛与多孔材料化学[M]. 北京:科学出版社,2004.

[143] 徐文,董晋湘,窦涛,等. 气相法合成沸石的方法. 中国,CN1051334[P],1991-05-15.

[144] 许霞. 膨胀石墨对油类的吸附及其再生性能的研究[D]. 哈尔滨:哈尔滨工业大学,2006.

[145] 薛英文,杨开,梅健. 混凝沉淀法除氟影响因素试验研究[J]. 武汉大学学报(工学版),2010,43(4):477-480.

[146] 杨方,程建萍,钮志远,等. 硫黄改性吸附剂脱除实验室中气态汞的实验研究[J]. 合肥工业大学学报(自然科学版),2012,35(3):387-391.

[147] 杨南如,岳文海. 无机非金属材料图谱手册 [M]. 武汉:武汉工业大学出版社,2000.

[148] 杨文焕. 介孔纳米 $\gamma-Al_2O_3$ 制备方法优化及其吸附性能的研究[D]. 包头:内蒙古科技大学,2011.

[149] 杨雅秀,张乃娴. 中国黏土矿物 [M]. 北京:地质出版社,1994.

[150] 杨依萍. 二硫化钼纳米结构的制备、表征及其光催化性能的研究[D]. 广州:华南理工大学,2012.

[151] 杨莹琴,岳小欣. 己内酰胺插层有机膨润土复合材料的研制及其对甲基橙的吸附[J]. 新阳师范学院学报:自然科学版,2008,21(4):563-565.

[152] 尤先锋,陈锋,张金龙,等. 银促进的 TiO_2 光催化降解甲基橙[J]. 催化学报,2006,27(3):270-274.

[153] 游佩青,陈芝亦,颜富士. $\chi-Al_2O_3$ 粉末于吸附位数喷墨印刷染料之特性研究[C]. 颗粒学最新进展研讨会——暨第十届全国颗粒制备与处理研讨会,2011.

[154] 于群英,慈恩,杨林章. 皖北地区土壤中不同形态氟含量及其影响因素[J]. 应用生态学报,2007,18(6):1333-1340.

[155] 袁昊. 有序介孔材料的制备与应用[D]. 上海:上海大学,2013.

[156] 战锡林,张厚勇,王在峰,等. 工业废水中溶解态和悬浮态金属元素含量的测定[J]. 三峡环境与生态,2011,33(4):51-54.

[157] 张歌珊. 硅藻土对有机染料的吸附作用研究[D]. 长春:吉林大学,2009.

[158] 张迈生,姚云峰,杨燕生. XRD 粉末衍射法研究全微波合成的 MCM-41 介孔分子筛[J]. 无机化学学报,2000,16(1):119-122.

[159] 张曼露. 非金属原子掺杂对石墨烯气体吸附特性影响的理论研究[D]. 上海:华东理工大学,2013.

[160] 张强,李春义,山红红,等. 气相转移法合成 ZSM-5/SAPO-5 复合分子筛[J]. 高等学校化学学报,2007,28(11):2030-2034.

[161] 张强,李春义,山红红,等. 气相转移法与水热合成法合成 ZSM-5/SAPO-5 核壳结构复合分子筛的比较[J]. 催化学报,2007,28(6):541-546.

[162] 张世春. 矿物复合吸附材料制备及染料废水脱色研究 [D]. 武汉:武汉理工大学硕士学位论文,2014.

[163] 张威,养生可,费晓华. 反渗透技术去除地下水中氟的方法[J]. 长安大学学报(自然科学版),2002,22(6):116-118.

[164] 张伟,王学松,刘江国,等. 负载 Cu^{2+} 和 Pb^{2+} 的蒙脱石对结晶紫吸附的研究[J]. 西南大学学报(自然科学版),2011,33(7):75-80.

[165] 张亚楼,孙小娜,张丽,等. 氟对人成骨细胞氧化应激和骨连接素表达的影响[J]. 新疆医科大学学报,2012,35(12):1627-1631.

[166] 张扬健,赵杉林,孙桂大,等. W-MCM-48 中孔分子筛的微波合成与表征[J]. 催化学报,2000,21(4):345-349.

[167] 张永利,王承智,史册,等. 基于废陶瓷的多孔陶瓷研制及其对 Ni^{2+} 的吸附性能[J]. 环境科学,2013,34(7):2694-2703.

[168] 章真怡,李广贺. 腐殖酸负载载体对菲的吸附能效[J]. 化工学报,2010,61 (4):875-878.

[169] 赵波,尹琳,李真,等. 丝光沸石岩/水镁石在臭氧化染料废水体系中的增效作用机理研究[J]. 岩石矿物学杂志,2005,24(6):573-577.

[170] 赵小亮. 基于大骨架多羧酸配体的配合物溶剂热及室温双相合成、结构及气体吸附性能的研究[D]. 济南:山东大学,2012.

[171] 郑光洪,冯西宁. 染料化学[M]. 北京:中国纺织出版社,2001.

[172] 郑水林. 非金属矿物材料[M]. 北京:化学工业出版社,2007.

[173] 周利民,许剑平,刘崎嵘,等. 微乳液原位制备磁性壳聚糖纳米粒子及其对染料的吸附性能[J]. 高分子材料科学与工程,2012,28(6):142-145.

[174] 周崎. 白腐真菌培养废弃物吸附阳离子染料的研究[D]. 武汉:武汉理工大学,2012,73-76.

[175] 周新革. 介孔 TiO_2 的水热法合成及吸附和光催化性能研究[D]. 呼和浩特:内蒙古师范大学,2010.

[176] 朱伟长,杨文雁,闫勇. 酸浸法去除石英粉中铁杂质[J]. 安徽工业大学学报,2008,25(3):267-269.

[177] 庄慧娥,曾继述,朱兰英. 锝和碘在矿物上的吸附研究[J]. 中国核科技报告,中国核情报中心,北京,1987,(00):1-8.

[178] 邹卫华,白红娟,李苛,等. 天然沸石对阳离子染料中性红的吸附及机理研究[J]. 郑州大学学报(理学版),2011,43(4):71-76.

[179] Ahmad A A, Hameed B H. Fixed-bed adsorption of reactive azo dye onto granular activated carbon prepared from waste[J]. Journal of Hazardous Materials, 2010, 175(1-3):298-303.

[180] Aivalioti M, Papoulias P, Kousaiti A, et al. Adsorption of BTEX, MTBE and TAME on natural and modified diatomite[J]. Journal of Hazardous Materials, 2012, 207-208: 117-127.

[181] Akin S, Schembre J M, Bhat S K, et al. Spontaneous imbibition characteristics of diatomite [J]. Journal of Petroleum Science and Engineering, 2000, 25(3-4): 149-165.

[182] Al-Degs Y S, Sweileh J A. Simultaneous determination of five commercial cationic dyes in stream waters using diatomite solid-phase extractant and multivariate calibration[J]. Arabian Journal of Chemistry, 2012, 5(2): 219-224.

[183] An J, Rosi N L. Tuning MOF CO_2 Adsorption Properties via Cation Exchange[J]. Journal of the American Chemical Society, 2010, 132(16): 5578-5579.

[184] Apostol L C, Gavrilescu M. Appliacation of natural materials as sorbents for persistent organic pollutants [J]. Environmental Engineering and Management Journal, 2009,8(2): 243-252.

[185] Arora M, Maheshwari R C, Jain S K, et al. Use of Membrane Technology for Potable Water Production[J]. Desalination, 2004, 170 (2):105-112.

[186] Bellir K, Bouziane I S, Boutamine Z, et al. Sorption Study of a Basic Dye "Gentian Violet" from Aqueous Solutions Using Activated Bentonite [J]. Energy Procedia, 2012, 18:924-933.

[187] Bieseki L, Treichel H, Araujo A S, et al. Porous materials obtained by acid treatment processing followed by pillaring of montmorillonite clays [J]. Applied Clay Science, 2013, 85: 46-52.

[188] Bingol D, Tekin N, Alkan M. Brilliant Yellow dye adsorption onto sepiolite using a full factorial design[J]. Applied Clay Science, 2010, 50 (3):315-321.

[189] Buluta E, Özacar M, Şengil İ A. Equilibrium and kinetic data and process design for adsorption of Congo Red onto bentonite [J]. Journal of Hazardous Materials, 2008, 154(1-3): 613-622.

[190] Burde J T, Calbi M M. Physisorption Kinetics in Carbon Nanotube Bundles[J]. The Journal of Physical Chemistry C, 2007, 111 (13): 5057-5063.

[191] Cao Y, Zou H J, Wei H J, et al. Preparation and Methylene Blue Adsorption of Mesoporous Silica Microspheres Doped with Copper[J]. Chinese Journal of Inorganic Chemistry, 2012, 28(8):1705-1711.

[192] Casieri L, Varese G C, Nastasi A, et al. Decolorization and Detoxication of Reactive Industrial Dyes by Innnobilized Fungi Trametes pubescens and Pleurotus ostreatus[J]. Folia Microbiologica, 2008,53 (1):44-52.

[193] Chu X, Zhao Z L, Shen G L, et al. Quartz Crystal Microbalance Immunoassay with Dendritic Amplification Using Colloidal Gold Immunocomplex[J]. Sensors and Actuators B,2006, 114 (2):696-704.

[194] Chung S G, Ryu J C, Song M K, et al. Modified composites based on mesostructured iron oxyhydroxide and synthetic minerals: A potential material for the treatment of various toxic heavy metals and its toxicity [J]. Journal of Hazardous Materials, 2014, 267: 161-168.

[195] Cozzoli P D, Fanizza E, Comparelli R, et al. Role of Metal Nanoparticles in TiO_2/Ag Nanocomposite-Based Microheterogeneous Photocatalysis[J]. The Journal of Physical Chemistry B, 2004, 108(28): 9623-9630.

[196] Cundy C S, Zhao J P. Remarkable synergy between microwave heating and the addition of seed crystals in zeolite synthesis - a suggestion verified [J]. Chemical Communications, 1998:1465-1466.

[197] Deng Y H, Qi D W, Deng C H, et al. Superparamagnetic high-magnetization microspheres with an Fe_3O_4@SiO_2 core and perpendicularly aligned mesoporous SiO_2 shell for removal of microcystins [J]. Journal of the American Chemical Society, 2008,130(1):28-29.

[198] Dipannita Kalyani, Kate B. McMurtrey, Sharon R. Neufeldt. Room-Temperature C—H Arylation: Merger of Pd-Catalyzed C—H Functionalization and Visible-Light Photocatalysis [J]. Journal of the American Chemical Society, 2011, 133(46):18566-18569.

[199] Elliot H A, Liberati M R, Huang C P. Competitive adsorption of heavy metals by soils[J]. Journal of environmental quality, 1986, 15 (3): 214-219.

[200] Erdem E, Çölgeçen G, Donat R. The removal of textile dyes by diatomite earth[J]. Journal of Colloid and Interface Science, 2005, 282(2):314-319.

[201] Fujishima A, Iwase T, Watanabe T, et al. Evidence for the oxidation of supersensitizers during photoelectrochemical supersensitization at the cadmium sulfide electrode [J]. Journal of the American Chemical Society, 1975, 97(14):4134-4135.

[202] Gan H H, Zhang G K, Guo Y D. Facile in situ synthesis of the bismuth oxychloride/bismuth niobate/TiO_2 composite as a high efficient and stable visible light driven photocatalyst [J]. Journal of Colloid and Interface Science, 2012,386(1): 373-380.

[203] Gao R Q, Wang Y Y, Zhang R T, et al. Study on decolorization of fly ash-based porous ceramics for malachite green [J]. Bulletin of the Chinese

Ceramic Society, 2011, 30(6): 1304-1308.

[204] Ghosh D, Bhattacharyya K G. Adsorption of methylene blue on kaolinite [J]. Applied Clay Science, 2002, 20(6):295-300.

[205] Glover T G, DeCoste J B, Sabo D, et al. Chemisorption of Cyanogen Chloride by Spinel Ferrite Magnetic Nanoparticles[J]. Langmuir, 2013, 29, 5500-5507. 62(15):1409-1414.

[206] Goodrich B A, Jacobi W R. Foliar Damage, Ion Content, and Mortality Rate of Five Common Roadside Tree Species Treated with Soil Applications of Magnesium Chloride[J]. Water Air Soil Pollut, 2012, 223:847-862.

[207] Goodrich B A, Koski R D, Jacobi W R. Condition of Soils and Vegetation Along Roads Treated with Magnesium Chloride for Dust Suppression[J]. Water Air Soil Pollut, 2009, 198:165-188.

[208] Gorin D J, Sherry B D, Toste F D. Ligand Effects in Homogeneous Au Catalysis[J]. Chemical Reviews, 2008, 108(8):3351-3378.

[209] Gupta V K, Suhas. Application of low-cost adsorbents for dye removal - A review [J]. Journal of Environmental Management, 2009, 90(8): 2313-2342.

[210] Han D S, Batchelor B, Park S H, et al. As(V) adsorption onto nanoporous titania adsorbents (NTAs): Effects of solution composition [J]. Journal of Hazardous Materials, 2012, 229-230: 273-281.

[211] Han R P, Zhang L J, Song C, et al. Characterization of Modified Wheat Straw, Kinetic and Equilibrium Study about Copper Ion and Methylene Blue Adsorption in Batch Mode [J]. Carbohydrate Polymers, 2010, 79 (4): 1140-1149.

[212] Haritash A K, Kaushik C P. Biodegradation aspects of Polycyclic Aromatic Hydrocarbons (PAHs): A review [J]. Journal of Hazardous Materials, 2009, 169(1-3): 1-15.

[213] Harris R G, Wells J D, Johnson B B. Selective adsorption of dyes and other organic molecules to kaolinite and oxide surfaces[J]. Colloids and Surfaces A: Physicochemical and Engineering Aspects, 2001, 180(1-2): 131-140.

[214] Hassan H, Hameed B H. Oxidative decolorization of Acid Red 1 solutions

by Fe-zeolite Y type catalyst[J]. Desalination, 2011, 276(1-3):45-52.

[215] He M C, Zhao J, Wang S X. Adsorption and diffusion of Pb(II) on the kaolinite(001) surface: A density-functional theory study[J]. Applied Clay Science, 2013, 85: 74-79.

[216] Ho Y S, McKay G. Pseudo-second Order Model for Sorption Processes [J]. Process Biochemistry, 1999, 34(5): 451-465.

[217] Huang X, Qi X Y, Boey F, et al. Graphene-based composites [J]. Chemical Society Reviews, 2012, 41:666-686.

[218] Hux R A, Cantwell F F. Surface Adsorption and Ion Exchange in Chromatographic Retention of Ions on Low-Capacity Cation Exchangers [J]. Analytical Chemistry, 1984, 56(8):1258- 1263.

[219] Hyunwoong Park, Young Kwang Kim, Wonyong Choi. Reversing CdS Preparation Order and Its Effects on Photocatalytic Hydrogen Production of CdS/Pt-TiO$_2$ Hybrids Under Visible Light[J]. The Journal of Physical Chemistry C, 2011, 115(13): 6141-6148.

[220] Ibrahim M N M, Ngah W S W, Norliyana M S, et al. Copper(II) Biosorption on Soda Lignin from Oil Palm Empty Fruit Bunches (EFB) [J]. Clean-Soil, Air, Water, 2009, 37(1):80-85.

[221] Ioannidis S, Anderko A. Equilibrium Modeling of Combined Ion-Exchange and Molecular Adsorption Phenomena [J]. Industrial & Engineering Chemistry Research, 2001, 40(2): 714-720. 2012,(4):57-59.

[222] Jang J S, Choi S H, Kim H G, et al. Location and State of Pt in Platinized CdS/TiO$_2$ Photocatalysts for Hydrogen Production from Water under Visible Light[J]. The Journal of Physical Chemistry C, 2008, 112(44): 17200-17205.

[223] Jesionowski T, Krysztafkiewicz A. Influence of silane coupling agents on surface properties of precipitated silicas [J]. Applied Surface Science, 2001, 172(1-2):18-32.

[224] Jiang L L, Fan Z J. Design of advanced porous graphene materials: from graphene nanomesh to 3D architectures[J]. Nanoscale, 2014, 6: 1922-1945.

[225] Jing Y, Yu Z, Jia Y Y, et al. Capturing Nitrosamines by Zeolite MCM-22: Effect of Zeolite Structure and Morphology on Adsorption[J]. Journal

of Chemistry C, 2010, 114:9588-9595.

[226] John E K, Michael T. Amino Acid Adsorption on Zeolite β [J]. Langmuir, 2005, 21: 8743-8750.

[227] Jothiramalingam R, Tsao T M, Wang M K. High-power ultrasonic-assisted phenol and dye degradation on porous manganese oxide doped titanium dioxide catalysts [J]. Kinetics and Catalysis, 2009, 50 (5): 741-747.

[228] Kammerer J, Carle R, Kammerer D R. Adsorption and Ion Exchange: Basic Principles and Their Application in Food Processing[J]. Journal of Agricultural & Food chemistry, 2011, 59(1):22-42.

[229] Khraisheh M A M, Al-Ghouti M A, Allen S J, et al. Effect of OH and silanol groups in the removal of dyes from aqueous solution using diatomite [J]. Water Research, 2005, 39(5): 922-932.

[230] Kim J, Kim K, Ye H, et al. Anaerobic Fluidized Bed Membrane Bioreactor for Wastewater Treatment [J]. Environmental Science and Technology, 2011,45(2): 576-581.

[231] Kim J, Yamasaki R, Park J, et al. Highly Dense Protein Layers Confirmed by Atomic Force Microscopy and Quartz Crystal Microbalance [J]. Journal of Bioscience and Bioengineering,2004,97(2): 138-140.

[232] Langmuir I. The Adsorption of Gases on Plane Surfaces of Glass, Mica and Platinum [J]. Journal of the American Chemical Society, 1918, 40 (9):1361-1403.

[233] Lee J, Mahendra S, Alvarez P J J. Nanomaterials in the construction industry: a review of their applications and environmental health and safety sonsiderations[J]. ACS Nano, 2010, 4: 3580-3590.

[234] Lee K M, Koerner H, Vaia R A, et al. Relationship between the Photomechanical Response and the Thermomechanical Properties of Azobenzene Liquid CrystallinePolymer Networks [J]. Macromolecules, 2010, 43: 8185-8190.

[235] Lü G C, Wu L M, Wang X L, et al. Adsorption of chlortetracycline from water by rectories[J]. Chinese Journal of Chemical Engineering, 2012, 20 (5): 1003-1007.

[236] Manning B A, Fendorf A E, Goldberg A E. Surface Structures and

Stability of Arsenic(III) on Goethite: Spectroscopic Evidence for Inner-Sphere Complexes[J]. Environmental Science & Technology, 1998, 32 (16):2383-2388.

[237] Matsukata M, Kikuchi E. Zeolitic Membranes: Synthesis, Properties, and Prospects[J]. Bulletin of the Chemical Society of Japan, 1997,70 (10):2341-2356.

[238] Matsukata M, Ogura M, Osaki T, et al. Conversion of dry gel to microporous crystals in gas phase[J]. Topics in Catalysis, 1999,9: 77-92.

[239] Meenakshi, Maheshwari R C. fluorinion in Drinking Water and Its Removal [J]. Journal of Hazardous Materials, 2006, 137(1):456-463.

[240] Meng Q B, Takahashi K, Zhang X T, et al. Fabrication of an Efficient Solid-State Dye-Sensitized Solar Cell[J]. Langmuir 2003, 19(9):3572-3574.

[241] Mu S J, Zeng Y, Tartakovsky B, et al. Simulation and Control of an Upflow Anaerobic Sludge Blanket (UASB) Reactor Using an ADM1-Based Distributed Parameter Model[J]. Industrial & Engineering Chemistry Research, 2007, 46(5): 1519-1526.

[242] Oliveira L C A, Rios R V R A, Fabris J D, et al. Activated carbon/iron oxide magnetic composites for the adsorption of contaminants in water[J]. Carbon, 2002,40(12):2177-2183.

[243] Özcan A S, Özcan A. Adsorption of acid dyes from aqueous solutions onto acid-activated bentonite [J]. Journal of Colloid and Interface Science, 2004,276(1):39-46.

[244] Repo E, Warchoł J K, Bhatnagar A, et al. Aminopolycarboxylic acid functionalized adsorbents for heavy metals removal from water[J]. Water Research, 2013, 47(14): 4812-4832.

[245] Sabah E, Çelik M S. Adsorption mechanism of quaternary amines by sepiolite [J]. Separation Science and Technology, 2002, 37 (13): 3081-3097.

[246] Salles F, Douilard J M, Bildstein O, et al. Driving force for the hydration of the swelling clays: Case of montmorillonites saturated with alkaline-earth cations[J]. Journal of Colloid and Interface Science, 2013, 395: 269-276.

[247] Santos S C R, Boaventura R A R. Adsorption modelling of textile dyes by sepiolite[J]. Applied Clay Science, 2008, 42(1-2): 137-145.

[248] Shariati S, Faraji M, Yamini Y, et al. Fe_3O_4 magnetic nanoparticles modified with sodium dodecyl sulfate for removal of safranin O dye from aqueous solutions [J]. Desalination, 2011, 270(1-3): 160-165.

[249] Shawabkeh R A, Tutunji M F. Experimental study and modeling of basic dye sorption by diatomaceous clay[J]. Applied Clay Science, 2003, 24 (1-2): 111-120.

[250] Shin H S, Huh S. Au/Au@Polythiophene Core/Shell Nanospheres for Heterogeneous Catalysis of Nitroarenes[J]. ACS Applied Materials & Interfaces, 2012, 4 (11): 6324-6331.

[251] Sing K S W, Everett D H, Haul R A W, et al. Reporting physisorption data for gas/solid systems with special reference to the determination of surface area and porosity [J], Pure and Applied Chemistry, 1985, 57(4): 603-619.

[252] Slvasankararao V, Kenneth W S, Harry B M. Cadmium(I1)-Exchanged Zeolite as a Solid Sorbent for the Preconcentration and Determination of Hydrogen Sulfide in Air[J]. Analytical Chemistry, 1981, 53: 868-873.

[253] Song Y, Yu J, Li Y, et al. Hydrogen-Bonded Helices in the Layered Aluminophosphate $(C_2H_8N)_2[Al_2(HPO_4)(PO_4)_2]$ [J]. Angewandte Chemie-international Edition, 2004, 43: 2399-2402.

[254] Suzuki T, Hayakawa Y. Adsorption Characteristics of Metal Form Cation-Exchange Resins and Resin without Exchange Sites[J]. The Journal of Physical Chemistry, 1979, 83(9): 1178-1180.

[255] Teermann I P, Jekel M R. Adsorption of humic substances onto β-FeOOH and its chemical regeneration [J]. Water Science and Technology, 1999, 40(9): 199-206.

[256] Tireli A A, Marcos F C F, Oliveira L F, et al. Influence of magnetic field on the adsorption of organic compound by clays modified with iron[J]. Applied Clay Science, 2014, 97-98: 1-7.

[257] Tsai W T, Chen H R. Removal of malachite green from aqueous solution using low-cost chlorella-based biomass [J]. Journal of Hazardous Materials, 2010, 175(1-3): 844-849.

[258] Vaia R A, Giannelis E P. Polymer Melt Intercalation in Organically-Modified Layered Silicates: Model Predictions and Experiment [J]. Macromolecules, 1997, 30: 8000-8009.

[259] Vimonses V, Lei S M, Jin B, et al. Adsorption of congo red by three Australian kaolins[J]. Applied Clay Science, 2009,43(3-4):465-472.

[260] Vimonses V, Lei S M, Jin B, et al. Kinetic Study and Equilibrium Isotherm Analysis of Congo Red Adsorption by Clay Materials [J]. Chemical Engineering Journal, 2009, 148(2-3):354-364.

[261] Wang L L, Wang L F, Ye X D, et al. Hydration interactions and stability of soluble microbial products in aqueous solutions[J]. Water Research, 2013, 47(15): 5921-5929.

[262] Wang X L, Li Y. Measurement of Cu and Zn adsorption onto surficial sediment components: New evidence for less importance of clay minerals [J]. Journal of Hazardous Materials, 2011, 189(3): 719-723.

[263] Wei Z S, Zeng G H, Xie Z R. Microwave Catalytic Desulfurization and Denitrification Simultaneously on Fe/Ca-5A Zeolite Catalyst[J]. Energy & Fuels, 2009, 23: 2947-2951.

[264] White J R, Bard A J. Electrochemical Investigation of Photocatalysis at CdS Suspensions in the Presence of Methylviologen[J]. The Journal of Physical Chemistry, 1985,89(10):1947-1954.

[265] Wu P, Zhou Y S. Simultaneous removal of coexistent heavy metals from simulated urban stormwater using four sorbents: A porous iron sorbent and its mixtures with zeolite and crystal gravel[J]. Journal of Hazardous Materials, 2009, 168(2-3): 674-680.

[266] Wu Q F, Li Z H, Hong H L, et al. Desorption of ciprofloxacin from clay mineral surfaces[J]. Water Research, 2013, 47(1): 259-268.

[267] Xi Y M, Wang D W, Ye X H, et al. Synergistic Au/Ga Catalysis in Ambient Nakamura Reaction[J]. Organic Letters, 2014, 16(1):306-309.

[268] Yanagida S, Ishimaru Y, Miyake Y. Semiconductor Photocatalysis. ' ZnS-Catalyzed Photoreduction of Aldehydes and Related Derivatives: Two-Electron-Transfer Reduction and Relationship with Spectroscopic Properties[J]. The Journal of Physical Chemistry, 1989, 93(6): 2516-2582.

[269] Yang N, Zhu S M, Zhang D. Synthesis and properties of magnetic Fe_3O_4-activated carbon nanocomposite particles for dye removal [J]. Materials Letters, 2008, 62(4-5):645-647.

[270] Yu R L, Ou Y, Tan J X, et al. Effect of EPS on adhesion of Acidithiobacillus ferrooxidans on chalcopyrite and pyrite mineral surfaces [J]. Transactions of Nonferrous Metals Society of China, 2011, 21(2): 407-412.

[271] Zhang G H, Gao Y, Zhang Y, et al, Removal of fluorinion from Drinking Water by a Membrane Coagulation Reactor (MCR) [J]. Desalination, 2005, 177(1-3):143-155.

[272] Zhang L S, Wang W Z, Yang J, et al. Sonochemical synthesis of nanocrystallite Bi_2O_3 as a visible-light-driven photocatalyst [J]. Applied Catalysis A: General, 2006, 308: 105-110.

[273] Zhang Z L, Yang Z H. Theoretical and practical discussion of measurement accuracy for physisorption with micro-and mesoporous materials [J]. Chinese Journal of Catalysis, 2013, 34(10):1797-1810.

[274] Zhao Y X, Yang S J, Ding D H, et al. Effective adsorption of Cr (VI) from aqueous solution using natural Akadama clay[J]. Journal of Colloid and Interface Science, 2013, 395: 198-204.

[275] Zhong L L, Lei S M, Wang E W, et al. Research on Removal Impurities from Vein Quartz Sand with Complexing Agents[J]. Applied Mechanics and Materials, 2014,454:194-199.

[276] Zhou L, Wang W Z, Xu H L, et al. Bi_2O_3 hierarchical nanostructures: controllable synthesis, growth mechanism, and their application in photocatalysis [J]. Chemistry—A European Journal, 2009, 15 (7): 1776-1782.

[277] Zhou Q, Xie C X, Gong W Q, et al. Comments on the method of using maximum absorption wavelength to calculate Congo Red solution concentration published in J. Hazard. Mater. [J]. Journal of Hazardous Materials, 2011, 198: 381-382.

[278] Zhou Y M, Yu C X, Shan Y. Adsorption of fluorinion from Aqueous Solution on La^{3+}-impregnated Cross-linked Gelatin [J]. Separation and Purification Technology 2004, 36(2):89-94.

缩略语说明

SMA	富氧焙烧条件下制备的黏土基多孔颗粒材料
SMA-V	缺氧焙烧条件下制备的黏土基多孔颗粒材料
SMA-N	无氧焙烧条件下制备的黏土基多孔颗粒材料
SMA-HT	水热改性条件下制备的黏土基多孔颗粒材料
MPGM	用于净化石英纯化废水的黏土基多孔颗粒材料
MO	甲基橙
MB	亚甲基蓝
MG	孔雀石绿
NR	中性红
pH_E	吸附体系平衡点 pH
XRD	X 射线衍射分析
FESEM	场发射扫描电镜分析
SEM	扫描电子显微镜分析
FT-IR	傅立叶变换红外光谱分析
TG/DTG/DSC	热重/微热重/差示扫描量热分析
ΔG^{θ}	Gibbs 自由能变
ΔH^{θ}	焓变
ΔS^{θ}	熵变
CK	空白样

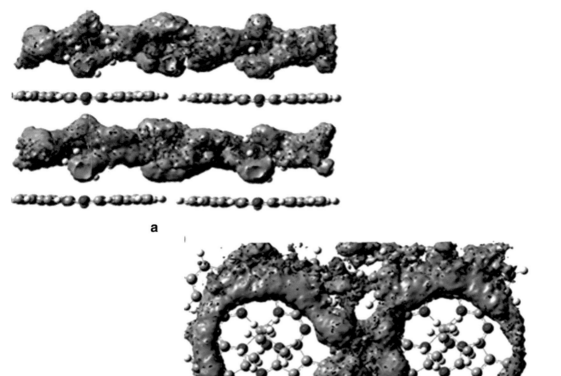

图 1-2 吸附材料物理吸附示意图（a. 孔道纵剖面图，b. 孔道横截面图）

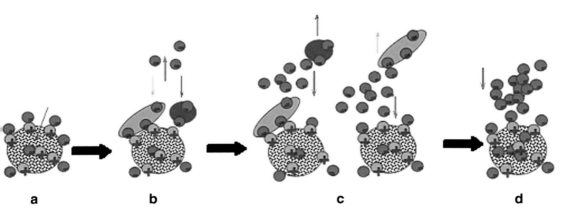

a   b   c   d

图 1-4 吸附材料离子交换过程示意简图

a. 吸附平衡状态；b. 离子交换吸附过程；c. 离子脱附过程；d. 吸附材料再生利用过程

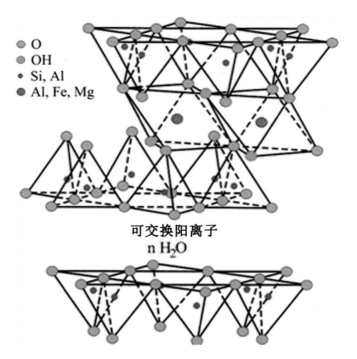

图 2-1 蒙脱石的晶体结构示意图

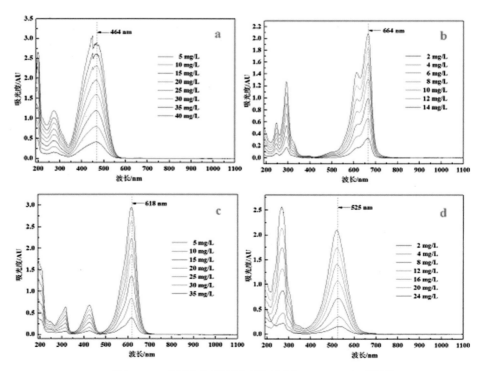

图 4-3 4 种阳离子染料溶液的 UV-vis 扫描图
（a 为甲基橙，b 为亚甲基蓝，c 为孔雀石绿，d 为中性红）

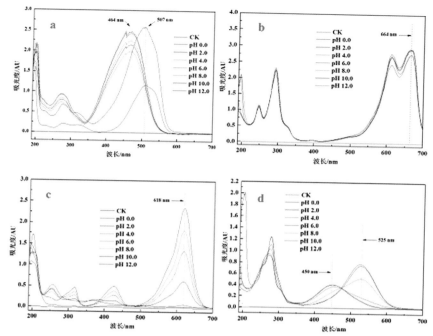

图 4-4 pH 对染料溶液的 UV-vis 波长的影响图谱

（**a** 为甲基橙，**b** 为亚甲基蓝，**c** 为孔雀石绿，**d** 为中性红）

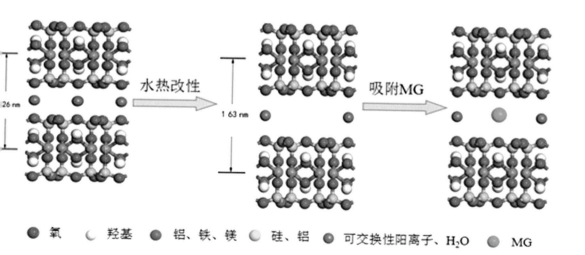

图 5-1 水热法对蒙脱石改性及层间吸附 MG 的机理示意图

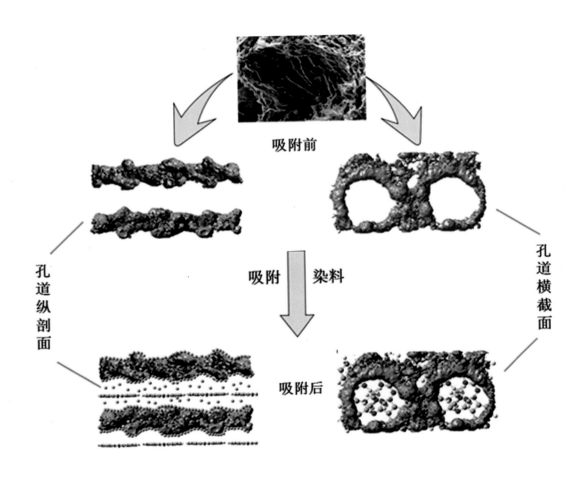

吸附前

孔道纵剖面

孔道横截面

吸附　染料

吸附后

图 5-2 SMA-HT 对阳离子染料吸附机理示意图

Fig. 5-2 Schematic mechanism of SMA-HT adsorbing cationic dyes